JN314667

児玉敏一・佐々木利廣・東俊之・山口良雄／著

Zoo Management

動物園マネジメント

動物園から見えてくる 経営学

学文社

はじめに

　動物園・水族館ブームの中で動物園や水族館に関する書物はすでに数多く出版されている。その多くは動物たちの愛くるしい表情を前面に出した写真集や，個々の動物園・水族館が行ってきた改革の取り組みを園長・館長自身が執筆したものである。本書では，日本各地の動物園や水族館が取り組んできた改革の歩みを経営学という視点から取り上げたものである。執筆にあたってはできる限り現場に出向き，関係者にインタビューすることに心がけてきた。本書でとり上げた施設のほとんどが共著者4人によって現場を訪問した施設である。

　本書の中でも述べたように，あらゆる組織体は，変化する組織環境に適応し日々絶え間ないイノベーションを行い進化することなしに自らの組織の維持・発展を続けていくことは不可能である。このことは動物園や水族館も例外ではありえない。

　本書の前半部分では主に，動物園と水族館における展示方法や飼育員と動物たちとの接し方など，如何にして動物園の魅力を高め，入園者たちに楽しんでもらうための工夫を行ってきたのか，という動物園・水族館の組織学習・イノベーションの現状を紹介した。次いで，動物園を外部から支えてきたNPO・NGOの視点からみた動物園の取り組み，そして地域力の源泉としての動物園の役割という，より広範な視点から動物園の試みについて紹介した。これらの努力と取り組みは，今後の動物園や水族館の維持・発展にとって大きな役割を果たすのではないかと思われる。とりわけ財政的に厳しい状況に立たされている公立の施設においてはきわめて重要な意義を持つものであろう。とはいえ，動物園・水族館は単なる娯楽施設ではない。もともと動物園や水族館の設置目的は，動物の飼育や繁殖活動，野生動物の保護・救援活動など，他のレジャー施設とは異なった目的を持って設立されてきたのである。

　したがって，目先の数値や短期的な人気を最優先させた施設運営は多くの動物たちにストレスを与えてしまったり，入園者への対応に追われて動物たちの管理が疎かになったりしてしまう恐れがある。しかしながら今日，稀少動物の

多くはワシントン条約によってそれらの獲得が制限されており，それを入手する方法は他の施設から借り受ける以外不可能になりつつある。このような状況の中で多くの施設が動物の飼育・繁殖技術よりも目先の面白さばかりを重視するならば，諸外国の施設から見放され日本の動物園からそれらが全く消えてしまうことになる。すでにヨーロッパ諸国では種の保存や環境教育に力を入れていない動物園が市民運動によって閉園に追い込まれている。

このような視点から本書の後半部分では，社会教育・青少年教育の場としての動物園の役割と命の大切さを学ぶための場としての動物園の本来の在り方への取り組みを紹介してきている。本書で取り上げなかった施設でも日々試行錯誤を繰り返しながら動物たちと真剣に向かい合って努力している多くの人々や，素晴らしい繁殖・飼育技術を持つ施設が数多く存在することを忘れてはならない。

本書が生まれた経緯は，イノベーション論を専門とする児玉と組織間コラボレーション論を専門とする佐々木利廣氏との出会いから出発した。それまで円山動物園などのコラボレーションを研究してきた佐々木氏と，須坂市動物園などのイノベーション問題を研究してきた両者が動物園の経営問題の重要性を確認し，2007年に共同研究プロジェクトを発足した。その後に共同研究者として参加したのがもう一人の共著者である東俊之氏である。氏は，まちづくり問題を組織間コラボレーションという視点から研究している若手経営学者ホープである。もう一人の共著者の山口良雄氏は前釧路市動物園園長である。山口氏は行政改革の波の中で厳しい状況に置かれていた釧路市動物園に2008年に赴任し見事に釧路市動物園の改革を実行した方である。それについての詳しい内容は，『タイガとココア』(朝日新聞出版，2009年)，に論じられているが，山口氏の試みと情熱に感動し，いわば強引に本書の執筆への参加を依頼したのが2012年の夏のことであった。

本書でみてきた動物園(水族館)の改革の歩みや位置づけは，動物園や水族館の今後の発展に寄与するだけでなく，低成長・少子高齢化の進行によってともすれば内向きで閉鎖的になり，その将来像を描けないでいるあらゆる組織体や

はじめに

地域づくりの在り方にも大きな示唆を与えるのではないかと考えている。

　本書の出版に際しては数えきれないほどの多くの方々の協力をいただいている。とりわけ忙しいスケジュールを調整し長時間にわたるインタビュー調査に快く協力いただいた動物園・水族館の園長・館長と飼育員の方々のご尽力がなければ本書が世にでることはなかったであろう。日本動物園水族館協会や地元の市役所の方々，さらには，それらを外部から支えてきたNPOや企業の方々など，動物園・水族館の施設関係者以外のさまざまな方々にも貴重なアドバイスをいただいた。誌上を借りて感謝申し上げたい。また，東日本大震災発生でプロジェクトが一時中断することによって，本書の出版予定が大幅に遅れてしまったにもかかわらず辛抱強く見守っていただいた学文社の田中千津子社長にも感謝申し上げたい。

　最後になるが，日々の仕事にひたむきに向き合い動物園・水族館の発展を願っている動物園・水族館の皆様のご健勝と発展を祈念したい。

2013年3月10日

著者を代表して

児玉　敏一

執筆者紹介(執筆順)

児玉　敏一(こだま　としかず)(第1章～第6章担当)
1950年生まれ。明治大学大学院経営学研究科博士後期課程単位取得退学
経営学博士
札幌学院大学経営学部　教授
専門は，経営管理論
主要著書・論文
児玉敏一『環境適応の経営管理』学文社，2004年．児玉敏一『日本的経営とオフィスマネジメント』北海道大学図書刊行会，1995年

佐々木利廣(ささき　としひろ)(第7章，第8章担当)
1951年生まれ。明治大学大学院経営学研究科博士後期課程単位取得退学
経営学修士
京都産業大学経営学部ソーシャル・マネジメント学科　教授
専門は，組織論・組織間関係論・企業とNPOの協働
主要著書・論文
佐々木利廣・加藤高明・東俊之・澤田好宏『組織間コラボレーション』ナカニシヤ出版，2009年

東　俊之(あずま　としゆき)(第9章，第10章担当)
1977年生まれ。京都産業大学大学院マネジメント研究科博士後期課程修了
博士(マネジメント)
金沢工業大学基礎教育部修学基礎教育課程　講師
専門は，組織論・組織変革論・組織間コラボレーション論
主要著書・論文
「NPOの組織変革活動に関する制度派組織論的研究」『経営教育研究』(日本マネジメント学会)第15巻第1号，学文社，2012年。
『非営利組織における変革行動に関する研究』京都産業大学マネジメント研究科博士学位論文，2012年

山口　良雄(やまぐち　よしお)(第11章担当)
1951年生まれ。1971年4月から2012年3月まで釧路市役所勤務。市民部市民生活課長，企画財政部市有財産対策室長などを経て，2008年4月から2012年3月まで釧路市動物園園長を歴任，現在，釧路市高齢者生きがい交流プラザ館長(兼市老連事務局長)，動物園長の期間には，北海道教育委員会の特別非常勤講師として北海道内小中学校に広く派遣され講義を担当

目　　次

　　はじめに

第1章　動物園の歴史と現状 ……………………………………………………… 1
Ⅰ．世界の動物園のあゆみ …………………………………………………………… 1
　　1．動物園の役割の変遷　1
　　2．ランドスケープ・イマージョンの導入とエンリッチメント運動　2
　　3．飼育下繁殖・野生動物保護と環境教育　3
　　4．水族館のあゆみ　3
Ⅱ．日本の動物園のあゆみと変遷 …………………………………………………… 4
　　1．前　　史　4
　　2．動物園の設立状況　5
　　3．入園者数の動向　6
　　4．運営組織　9
　　5．運営状況　10

第2章　低成長・少子高齢化時代における公立動物園の経営改革 ………… 13
Ⅰ．イノベーションが求められてきた公的組織 …………………………………… 13
　　1．公的組織におけるマネジメントの課題　13
　　2．公的組織における環境適応戦略の必要性　15
　　3．民間企業と異なる公的組織のマネジメント課題　17
Ⅱ．パラダイムの転換で再生した旭山動物園 ……………………………………… 19
　　1．組織環境を見きわめた園の再生　19
　　2．ビジョナリー・リーダーとしての園長の役割　21
　　3．行動展示によるオンリーワン・高付加価値サービスの提供　23
　　4．3G主義の徹底　25
　　5．顧客創造とCRMの推進　30
　　6．外部資源の有効活用　31
　　7．パブリシティ戦略の重視　32
　　8．CSRの遂行　32
　　9．評価と改善活動　33
Ⅲ．ニッチ戦略で成功した加茂水族館 ……………………………………………… 34
　　1．施設概要　34
　　2．組織環境を見きわめた経営戦略　35
　　3．ビジョナリー・リーダーに徹した館長　41

第3章　組織間学習による動物園改革の展開 ………………………………… 45
Ⅰ．組織学習とイノベーション ……………………………………………………… 45
　　1．組織学習から組織間学習へ　45
　　2．イノベーションの学習プロセス　45

3．組織間学習の特徴　47
　　　4．組織間学習の方法　48
　Ⅱ．ビジョナリー・リーダーによる円山動物園の再生 ·································· 53
　　　1．組織内環境の見きわめ　53
　　　2．新しい組織文化の構築　55
　　　3．ソフトを重視した差別化戦略　60
　　　4．CSの徹底　60
　　　5．外部資源の有効活用　62
　　　6．CRMの推進　64
　　　7．CIの推進とパブリシティ戦略　64
　Ⅲ．パブリシティ戦略の有効活用による須坂市動物園の活性化 ················ 65
　　　1．施設概要　65
　　　2．組織目的と組織環境の見きわめ　66
　　　3．共有ビジョンの策定と実現　67
　　　4．パブリシティ戦略の推進　71
　　　5．外部資源の有効活用　74
　　　6．人的資源の有効活用　75
　　　7．評価と改善活動　76
　Ⅳ．横浜ズーラシアと横浜野毛山動物園の住み分け戦略 ························· 77
　　　1．生態展示を中心とした近代的施設としてのズーラシア　77
　　　2．入園者とのふれあい・親しみやすさを重視した野毛山動物園　79
　Ⅴ．併設施設とのシナジー効果による生き残り戦略　80
　　　1．沖縄子ども未来ゾーンの差別化戦略　81
　　　2．懐古園に併設された小諸市動物園　83
　Ⅵ．市民の憩いの場をめざす都市型動物園　83
　Ⅶ．民間大型テーマパークの南紀白浜アドベンチャー・ワールド ················ 88

第4章　水族館独自の経営改革の展開 ··· 92
　Ⅰ．水生動物を専門に飼育・展示する水族館 ·· 92
　　　1．独自なノウハウとスキルが要求される水族館　92
　　　2．水族館を取り巻く経営環境と課題　98
　Ⅱ．ナンバーワン・オンリーワンサービスの提供による競争優位の獲得 ····· 100
　　　1．沖縄美ら海水族館の差別化戦略　100
　　　2．淡水魚への特化と自然河川を活かした千歳サケのふるさと館　104
　　　3．「日本一」と「世界初」で再生したおんね湯温泉山の水族館　106

第5章　現場の知恵・ソフトを活かしたイノベーションの各地への波及 ··· 111
　Ⅰ．展示方法の工夫 ··· 111
　Ⅱ．ハードよりソフトを活かした工夫 ·· 111
　Ⅲ．水族館へのイノベーションの波及 ·· 113

Ⅳ．民間水族館へのイノベーションの波及 …………………………………… 117
　　　　1．サンシャイン国際水族館　117
　　　　2．新江ノ島水族館　118
　　　　3．エプソン品川アクアスタジアム　119
　　Ⅴ．イノベーションの海外への波及 …………………………………………… 121
　　　　1．香港オーシャンパークのクラゲ万華鏡館　121
　　　　2．上海海洋水族館の展示施設　122

第6章　持続可能な動物園に向けて …………………………………………… 124
　　Ⅰ．目先の数値や短期的人気だけで評価できない動物園 ……………………… 124
　　Ⅱ．多様な役割を果たすそれぞれの動物園 …………………………………… 125
　　　　1．総合的・大局的な役割を担う上野動物園　125
　　　　2．飼育・繁殖活動に貢献する地方の動物園　128
　　　　3．青少年教育の役割の重要性　131
　　Ⅲ．経営ビジョンの策定と市民との共有 ……………………………………… 137
　　　　1．各施設で進められてきた基本構想の構築　137
　　　　2．秋田市大森山自然動物公園の基本構想　137

第7章　動物園の組織間関係 …………………………………………………… 142
　　Ⅰ．動物園と企業やNPO ………………………………………………………… 142
　　Ⅱ．動物園を取り巻く組織 ……………………………………………………… 143
　　　　1．動物園のステイクホルダー　143
　　　　2．動物園と企業との関係　144
　　　　3．動物園とNPOとの関係　151

第8章　動物園によるボルネオでの生物多様性保全 ………………………… 161
　　Ⅰ．森林保全と生物多様性保全のための協働 ………………………………… 161
　　Ⅱ．サラヤの戦略転換と生態系保全への取り組み …………………………… 162
　　　　1．サラヤの商品開発の歴史　162
　　　　2．原料調達に対する問題意識　164
　　Ⅲ．サラヤのRSPOを通じての活動 …………………………………………… 166
　　Ⅳ．ボルネオ保全トラストジャパンの活動 …………………………………… 170
　　Ⅴ．夢の動物園をめざして ……………………………………………………… 176

第9章　地域マネジメントのプラットフォームとしての動物園 …………… 179
　　Ⅰ．地域マネジメントへの着目 ………………………………………………… 179
　　Ⅱ．観光の軸としての動物園 …………………………………………………… 180
　　　　1．マーケティングとブランド　181

2．地域ブランドの構築　　182
　　3．観光施設としての動物園のブランド化　　183
　　4．観光施設としての動物園の限界　　184
　Ⅲ．地域風土・文化保全の手段としての動物園 ……………………………… 185
　　1．地域ブランド概念の拡張　　185
　　2．動物園の地域コミュニティ維持機能　　186
　Ⅳ．富山市ファミリーパークの里山再生活動 ………………………………… 187
　　1．概要と沿革　　187
　　2．富山市ファミリーパークの特徴　　188
　　3．里山への注目　　190
　　4．地域ブランドとしての里山　　192
　Ⅴ．さらなる事例の検討 ………………………………………………………… 192
　　1．地域協働の場としての動物園　　192
　　2．制度的企業家としての役割　　194
　　3．事例からみえてくる地域ブランドとしての動物園　　196

第10章　教育の場としての動物園 ……………………………………… 198
　Ⅰ．動物園の教育活動 …………………………………………………………… 198
　Ⅱ．企業の社会的責任と動物園の社会的責任 ………………………………… 199
　　1．企業の社会的責任とは　　199
　　2．動物園のリスク・マネジメント　　201
　　3．動物園の社会的責任　　202
　Ⅲ．社会責任活動と収益可能性 ………………………………………………… 203
　Ⅳ．いしかわ動物園の教育普及活動 …………………………………………… 205
　　1．概要と沿革　　205
　　2．さまざまな教育活動の実践　　206
　　3．教育と営利性との兼ね合い　　211
　　4．いしかわ動物園の事例からみえる社会責任活動　　121
　Ⅴ．今後求められる動物園の社会的責任 ……………………………………… 214

第11章　これからの動物園が目指すもの：命の大切さ，
　　　　　　学びの場としての釧路市動物園 ……………………………… 216
　Ⅰ．いのちの大切さを伝える教育現場としての動物園 ……………………… 216
　Ⅱ．「カムイに会える動物園」 …………………………………………………… 217
　Ⅲ．「サルルン・カムイ」タンチョウを守り育む動物園 …………………… 220
　Ⅳ．ホッキョクグマ「ツヨシ」の果たした役割とは？ ……………………… 224
　Ⅴ．アムールトラのタイガとココアの力 ……………………………………… 229

　　おわりに　　238

第1章 動物園の歴史と現状

Ⅰ．世界の動物園のあゆみ

1．動物園の役割の変遷

　動物園の歴史については佐々木(1975)，小宮(2010)，成島(2006)，川端(2006)，石田(2010)など，すでに優れた研究がなされている。ここでは概略を紹介しておこう。

　世界の動物園は単に野生動物を飼育することだけから始められた。すでに，イラクにおける鳩の飼育(6,500年前)，インドにおけるゾウの飼育(4,500年前)，古代エジプトにおける牛，豚，オリックスの飼育，などの記録がある。その後も，王侯貴族たちが外国からの珍しい動物をコレクションに持ち，権力誇示や

	19世紀	20世紀	21世紀
位置づけ：	見世物としての動物園	動物公園	動物保護センター
展示方法：	檻での展示	ジオラマ的展示	生態展示
テーマ：	種の分類	生態学的・行動学的生態学	全体的・組織的な種の保護
関心事：	種の繁殖・管理	種の集団的・専門的管理	環境・エコシステムに基づく種の保存
施設の役割：	生き物の陳列小屋	生物の博物館	地球環境・資源保護センター

図表 1-1. 動物園の進化のプロセス

（出所）　*The World Zoo Conservation Strategy*, p. 5 の資料から筆者作成

自己の慰安を目的として飼育していた。野生動物の研究・展示施設として市民に開かれた近代動物園は1752年にウィーンのシェンブルン宮殿に作られた動物園であるとされる(成島, 2006, 2ページ)。

　その後, 世界の動物園は, その位置づけ, 展示方法, テーマ, 関心事, 施設の役割を大きく進化させていった。図表1-1. は International Union of Directors of Zoological Gardens (1996), *The World Zoo Conservation Strategy* からそれらを整理したものである。19世紀には, 動物たちは見世物の対象として, 陳列小屋で飼育されているだけであった。当初の動物園の関心事は, 動物の種の繁殖と管理だけであった。20世紀になると, 動物園は, その規模も拡大し, 動物公園として発展していった。展示方法も檻による展示からジオラマ(箱庭)的な形に変化した。それとともに動物園の位置づけも生物を対象とする博物館としての役割を持つようになり, 動物園のテーマも生態学的・行動学的生態学などといった学問的なものに変遷を遂げた。動物園の関心事も単なる種の保存から集団的かつ専門的な管理という点に移行した。21世紀以後における動物園は, 単なる動物園としての役割を終え, 地球環境や資源保護を目的とする動物保護センターとしての役割を担う施設に変わりつつある。展示方法もさまざまな方法が試みられてきた。

2．ランドスケープ・イマージョンの導入とエンリッチメント運動

　単に動物たちを分類学的に展示するのではなく, 野生の生息地を人工的に作り出し, その中で動物を飼育する生態展示方法(ランドスケープ・イマージョン)の導入がその1つである。この方法は, 1966年にアメリカの大学院生の修士論文で提唱されたものである。1972年にシアトルの地方動物園で採用されて以来, 多くの動物園で取り入れられていった(川端, 2006, 41-44ページ)。

　「エンリッチメント」運動もその1つである。これらの方法は, 展示の設計段階から動物の行動を考慮し, 動物たちが限られた空間に居ながらも, 刺激に満ちた生活をできるように工夫した展示方法である。その詳しい内容は第7章でふれるが, オレゴン州のメトロワシントンパークで本格的に始められて以来,

1980年から90年代にかけて全米に広がり，1993年には「第1回エンリッチメント会議」が開催されるなど(川端，2006, 72-88ページ)，今日では，世界中の動物園で取り入れられている。

3．飼育下繁殖・野生動物保護と環境教育

　飼育下繁殖の実施と環境教育も新しい動物園の役割に加えられてきた。IUCN (国際自然保護連合)が，1980年に発表した「世界環境保全戦略」の中で野生動物を飼育するための原則と勧告を行い，動物園の役割を野生動物の繁殖と環境教育の2点であるとした。以後，アメリカの施設はこのための努力を行っていった(川端，2006, 170ページ)。飼育下繁殖・野生動物保護は，園内だけでなく生息地の保護までも含むものであった。環境教育は，具体的には，子どもたちに対する夏休み動物園体験など，動物園を利用して環境教育を行うことを目的とするものである。このような新しい動物園の役割は，エコロジー系環境主義者による動物園批判者の批判をかわす意味あいもあり，世界各地の動物園によって担われるようになった(川端，2006, 24-30ページ)。

4．水族館のあゆみ

　水生動物だけを飼育・展示する動物園である水族館の概要についてみてみよう。堀(1998)によれば，世界で最も古い水族館は，1830年にフランスのボルドーに作られたものであるといわれている。

　2009年3月の時点で，世界の水族館は約450施設といわれている。わが国の水族館についてみると，公益社団法人日本動物園水族館協会(JAZA)加盟水族館は65施設，それ以外の施設を合わせると100以上あり，日本は世界一の水族館王国であるといわれている。

　日本の水族館第1号は，明治15年(1882)に上野動物園の一角に開かれた観魚室(うおのぞき)であるといわれている。その後，第二次大戦までに30の施設が開設された。その多くは，民間の松島水族館，日和山水族館，公立の山形県加茂水族館(現在の鶴岡市立加茂水族館)などを除いて，大学の教育・研究機関

としての役割をもつものとして設立されていく。例えば，東京大学水産動物研究所を併設した富山県魚津水族館(1913)，東北大学浅虫水族館(1924)，九州大学天草臨海実験所付属水族館(1928)，京都大学臨海実験所白浜水族館(1930)が相次いで設立されたほか，北海道大学，東京教育大学，東京水産大学，広島大学も大学の研究教育機関としての水族館を設立していった。

戦後になると，日本経済の発展とともに多くの水族館が次々と設立されていった。それまで教育施設としての役割を果たしてきた水族館は，海の中道海洋生態科学館(1988)，東京葛西臨海水族園(1989)，大阪・海遊館(1990)，名古屋港水族館(1992)，横浜・八景島シーパラダイス(1993)，かごしま水族館(1997)などの大型大水族館が次々と開館し，娯楽性が重視されると同時に港湾や自然公園のマリーン関連施設としての役割を持っていった。

展示方法も博物学的な分類中心のものから生態展示へ，さらには生態系を配置したジオラマ式展示に発展していった。最近では精巧な疑似自然環境づくりを追求した「エマージョン・ジオラマ」へと発展し，沖縄美ら海水族館や大阪海遊館のように大水槽にジンベエザメなどの大型動物を飼育する巨大施設が相次いで設立されている。

II．日本の動物園のあゆみと変遷

1．前　史

わが国では，動物を見世物として庶民の好奇心に訴えるようになったのが江戸時代初期以後とされている。1860年には麹町福寿院境内のトラが，1863年には浅草奥山のゾウとフタコブラクダが，そして1866年には芝白金にライオンが飼われていた(成島，2006，3ページ)。しかしながら，わが国で初めて西洋の動物園を「動物園」という用語で紹介したのは福沢諭吉の『西洋事情』(1866：慶応2年)においてであるといわれている(佐々木，1975，8ページ)。

この著書は，1862年(文久2)に遣欧使節に同行した福沢の見聞をもとに書かれたもので，幕末から明治初期にかけて空前のベストセラーとなった。その後，

日本にも動物園を作ろうという運動が多くの人々によって展開されていった。ここにおける動物園構想は，① 福沢諭吉が紹介した自然史博物館としての構想，② 現在の東京国立博物館に象徴されるような文化財博物館としての動物園の構想，③ 日本に資本主義を樹立するために役立つ産業博物館，あるいは技術博物館，という3つの構想によるからみあいのうちに進展したものであった。このうち，③ の構想が有力となり，他の構想を圧倒し，動物園が創設された（佐々木，1975，38ページ）。

それらは，1873（明治6）年，「博物館局」の管轄のもとに，哺乳類15種，鳥類11種，爬虫類2種，両性類1点，ミツバチ1箱，カタツムリ3種，合計33種を飼育する「山下門内博物館」として設立された。その後，1882（明治15）年に現在の上野動物園が開園した。同園は1886（明治19）年に宮内省に移管され，上野恩賜動物園となり，トラやゾウが海外から移入されるなど，多くの珍獣が飼育されていく。入園者数も1889年には388,245人を記録している（佐々木，1975，158ページ）。

2．動物園の設立状況

上野恩賜動物園（以下，上野動物園）の開園後，京都，大阪，名古屋など，各

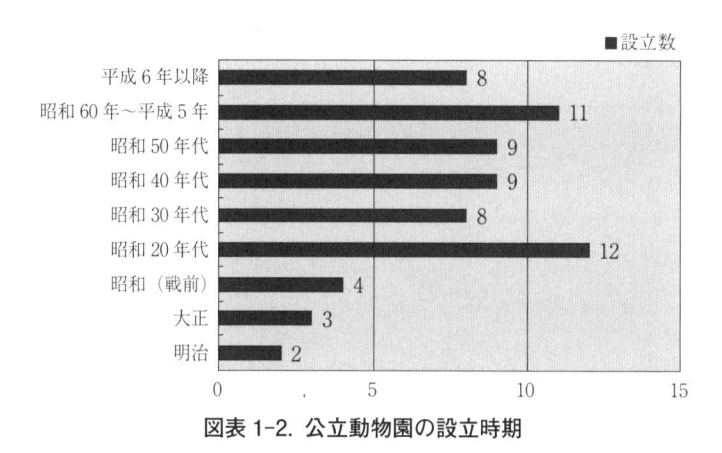

図表1-2. 公立動物園の設立時期

時期	設立数
明治	2
大正	3
昭和（戦前）	4
昭和20年代	12
昭和30年代	8
昭和40年代	9
昭和50年代	9
昭和60年〜平成5年	11
平成6年以降	8

（出所）「日本動物園水族館年報（平成20年度）」の資料をもとに作成

地に動物園が設立された。それらのいずれも,上野の動物園を模範と考え,それよりも遥かに低い水準からスタートしたものであった(佐々木,1975,231ページ)。戦前に設立された動物園は,上野(1882：明治15),京都(1903：明治36),天王寺(1915：大正4),遊亀(1919：大正8),小諸(1925：大正15),熊本(1929：昭和4),大島(1935：昭和10),東山(1937：昭和12),井の頭(1942：昭和17)の9施設のみである。今日の動物園の多くは戦後に設立されたものである(図表1-2.参照)。

1949年,インドのネール首相から贈られたゾウのインデラを主役として朝日新聞と旧国鉄の後援によって行われた移動動物園が動物園設立のブームになった。その後,戦後の経済復興と高度成長の波,さらには1956年の都市公園法の施行によって,諸外国からの珍しい動物が輸入され,社会教育の必要性とレジャー施設を兼ね備えた動物園や水族館が日本各地で設立されていった。

３．入園者数の動向

1973年にワシントン条約がルール化され,野生動物が自由に輸入できなくなるとともに,動物園以外のレジャー施設も多様化していった。

これによって,パンダブームなど一時的な人気が盛り上がるものの,動物園・水族館の入園者数は1990年から92年頃をピークに減少し始めていく。その後

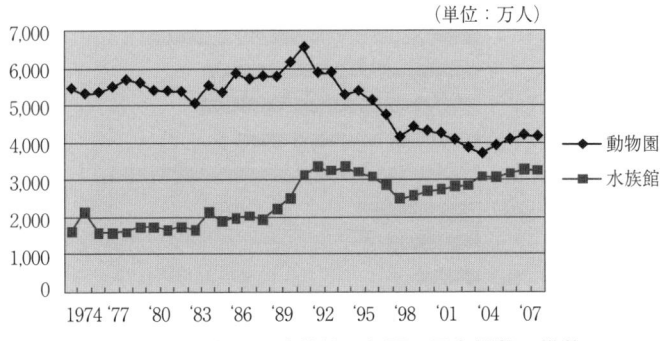

図表1-3. 動物園・水族館の年間入園者総数の推移

(出所) 日本動物園水族館協会から提供された資料をもとに筆者作成

第 1 章 動物園の歴史と現状

も地方財政が逼迫していく中で,「動物園不要論」が展開され始め,多くの地方都市の動物園・水族館,とりわけ動物園が閉園の危機を迎えることになる(図表 1-3. 参照)。

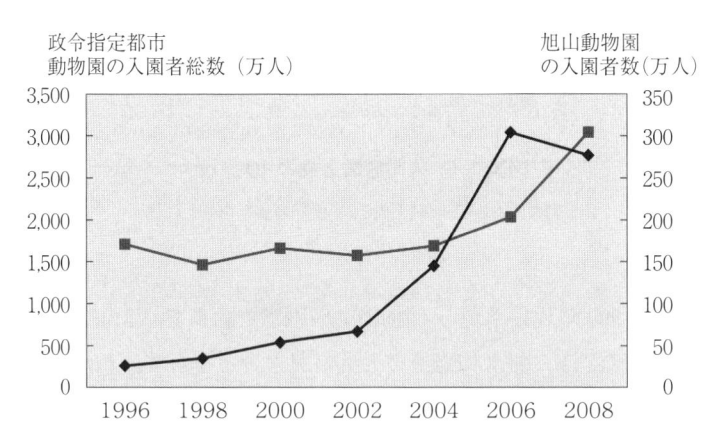

図表 1-4. 政令指定都市の動物園の入園者総数と旭山動物園の入園者数の推移

(出所) JAZA(公益社団法人日本動物園水族館協会)より入手した資料から作成

図表 1-5. 世界の中の日本の動物園の現状

世界の都市部での年間入園者数と人口比率			
都　　市	地域人口(万人)	年間入園者数(万人)	(年間入園者数÷人口)
シカゴ	780	730	0.94
ボストン	270	130	0.48
北　京	500	1000	2.00
ヨハネスブルグ	170	60	0.35
アムステルダム	100	80	0.8
ベルリン	80	100	1.25
グァテマラシティ	250	100	0.4
ジャカルタ	700	200	0.29
東　京	1000	950	0.95
メルボルン	200	110	0.55
サンパウロ	1100	100	0.01

(出所) 日本動物園水族館協会訳(1996)p.17 の資料をもとに筆者作成

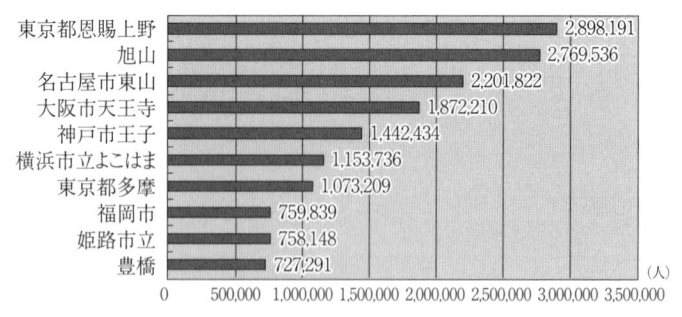

施設	入園者数
東京都恩賜上野	2,898,191
旭山	2,769,536
名古屋市東山	2,201,822
大阪市天王寺	1,872,210
神戸市王子	1,442,434
横浜市立よこはま	1,153,736
東京都多摩	1,073,209
福岡市	759,839
姫路市立	758,148
豊橋	727,291

図表 1-6. 入園者数上位の 10 施設

(出所) 「日本動物園水族館年報(平成 20 年度)」の資料をもとに作成

　ところが，1990 年代後半から，旭川市旭山動物園(以下，旭山動物園)や鶴岡市立加茂水族館(以下，加茂水族館)の人気が引き金となって，わが国の動物園や水族館は旭山動物園と加茂水族館の入園者数の増加を追いかけるような形で，少しずつ入園者を回復させ，2000 年頃には多くの施設が入園者数を増加させつつある(図表 1-3. および 1-4. を参照)。

　日本の動物園人気は，かつてより低下しているものの，世界と比べて低い水準ではない。図表 1-5. からわかるように，東京地域(3 園合計)の動物園の対人口当たりの入園者数(年間入園者数÷人口)は，北京，ベルリンに次いで高い数値となっている。上野動物園に次いで多くの入園者数を記録している旭山動物園の入園者数なども考慮すればわが国における動物園の入園者数は世界のトップ水準にあり，動物園が国民にとって非常に人気のある施設であることが推察される。ちなみに図表 1-6. は，入園者数上位 10 施設(略称)を掲げたものである。

　これをみると，上位を占める動物園の多くが大都市近郊の大型施設であるのに対し，地方の小規模施設である旭山動物園がわが国第 2 位の入園者数を誇っている。

第 1 章　動物園の歴史と現状

4．運営組織

　当初の公立動物園の多くは，博物館法の理念に基づいて設置されてきた。しかしながら，1956 年に都市公園法が施行され，その後の動物園の多くが公園の一部として運営されるようになった。教育委員会に所属するものは，帯広動物園などわずかに残されただけで，その多くは建設部や公園課，観光課などに所属している。

　公立動物園のうち，教育委員会の管轄となっている動物園（水族館を除く）は

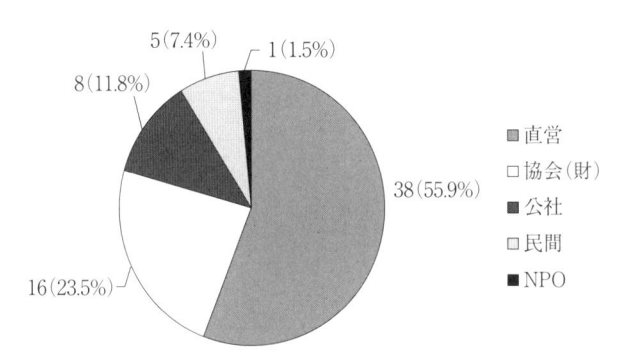

5 (7.4%)　1 (1.5%)
8 (11.8%)
16 (23.5%)
38 (55.9%)

■直営
□協会（財）
■公社
□民間
■NPO

図表 1-7．公立動物園（水族館を除く）の管理者・委託先

（出所）「日本動物園水族館年報（平成 20 年度）」の資料をもとに作成

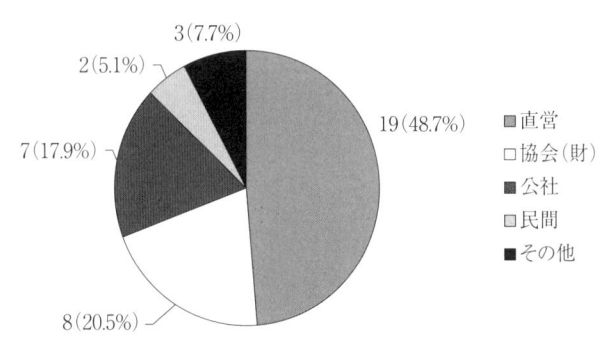

3 (7.7%)
2 (5.1%)
7 (17.9%)
19 (48.7%)
8 (20.5%)

■直営
□協会（財）
■公社
□民間
■その他

図表 1-8．公立水族館の管理者・委託先

（出所）「日本動物園水族館年報（平成 20 年度）」の資料をもとに作成
　注）その他は，大学，独立法人である。

わずか4施設のみであった。その他は，観光部，建設部，商工部，公園課，都市整備部，まちづくり課，地域振興課，生涯学習部，土木部，観光事業部などの管轄となっている。これらの原因の1つはわが国には「動物園法」がなく，国の補助金の直接的対象とはならないため，国の補助を得ようとすれば，公園や観光，都市整備事業の一部として動物園を位置づける必要があったからである。

　平成20年度における公益社団法人日本動物園水族館協会(JAZA)に加盟している公立動物園(水族館を除く)68園のうち，地元の自治体(都道府県・市)が直接管理運営している施設は38施設(55.9%)であり，外部委託を行っている施設が30施設(44.1%)となっている。外部委託の内訳は，協会などの財団法人が16施設(23.5%)，公社が8施設(11.8%)，民間が5施設(7.4%)，NPOは1施設(飯田動物園)のみであった(図表1-7.参照)。

　一方水族館についてみると，JAZAに加盟している公立水族館39施設のうち，地元の自治体(都道府県・市)が直接管理運営している施設は19施設(48.7%)であり，外部委託を行っている施設が20施設である。外部委託の割合は，協会などの財団法人が8施設(20.5%)，公社が7施設(17.9%)，民間が2施設(5.1%)，その他が3施設(7.7%)となっている(図表1-8.参照)。

5．運営状況

　運営状況についてみると，一般的には年間入園者数を所在地人口で割った数値が1以上の施設が健全である，といわれている。これを「顧客吸引率」と呼ぶことにする(以下同様)。また，財政的な視点からみると年間収入を年間の経常収支で割った数値が1以上であることが望ましい，と考えられている。とはいえ，顧客吸引率は，近隣地域に多くの人口を抱える都市が存在するか否かによって大きく影響されるだけでなく，他の施設を併設した施設も多く存在し，必ずしもそれぞれの施設の評価とイコールではない。また，財政状況についての数値も，あくまでそれらは単年度の数値に過ぎないものであり，必ずしもそれぞれの施設の長期的な評価とイコールではない。とはいえ，それぞれの施設の運営状況をみるための1つの目安にはなるのではないか。このような視点から

第 1 章　動物園の歴史と現状

■ 動物園　■ 水族館

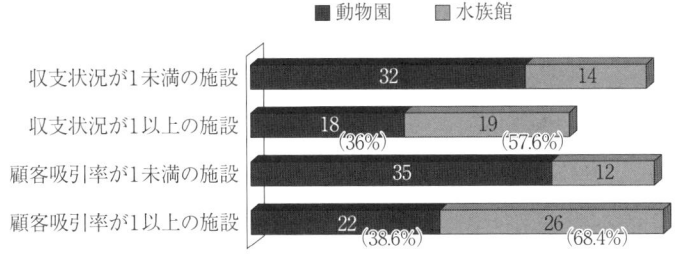

収支状況が1未満の施設　32　14
収支状況が1以上の施設　18（36%）　19（57.6%）
顧客吸引率が1未満の施設　35　12
顧客吸引率が1以上の施設　22（38.6%）　26（68.4%）

図表 1-9．公立動物園・水族館の顧客吸引率と収支状況

(出所)「日本動物園水族館年報（平成 20 年度）」の資料をもとに数値が公表されている有料のものだけを抽出して作成

全国の公立動物園と水族館の運営状況をみてみよう。

図表 1-9. は，JAZA 発行の「日本動物園水族館年報（平成 20）年度」に公表されているそれぞれの公立の施設のデータから顧客吸引率（年間入園者数÷所在地人口）と，収支状況（年間収入÷経常経費）を筆者が計算し，集計したものである。

これをみると，2008 年度（2008 年 4 月から 2009 年 3 月まで）における全国の公立動物園（水族館を除く，以下同じ）の中で顧客吸引率（年間入園者数÷所在地人口）1 以上の施設は全体の 4 割に満たない状況（22 施設：38.6%）であり，6 割以上が 1 未満（35 施設：61.4%）となっている。それに対して水族館では，顧客吸引率 1 以上の施設が全体の 7 割近く（26 施設：68.4%）に上っており，動物園の顧客吸引率は水族館と比べてかなり低い数値となっている。

収支状況についても同じような傾向をみることができる。同年度における収支状況が 1 以上の動物園は全体の 4 割に満たない（18 園：36%）状況であったのに対して，水族館では，収支状況が 1 以上の施設が半数以上（19 施設：57.6%）存在していたのである。

本章では，動物園の改革や今後のあり方を考察するための予備知識を得るべく動物園の歴史と現状をきわめておおざっぱな形で紹介した。次章では，低成長・少子高齢化時代における公立動物園に要求されるマネジメントの課題を，旭山動物園と加茂水族館の経営改革を例として取り上げ考察してみよう。

引用・参考文献

石田 戢(2010)『日本の動物園』東京大学出版会
奥宮誠次(2008)『世界の動物園』ランダムハウス講談社
川端裕人(2006)『動物園にできること』文藝春秋
久米由美(2008)『今,世界中で動物園が面白いワケ』講談社
小菅正夫(2006)「元気の良い動物園を作るには」『畜産の研究』第60巻第1号
小菅正夫(2011)『NHKテレビテキスト 仕事学のすすめ:マネジメントは動物園に学べ』NHK出版
小宮輝之(2010)『物語上野動物園の歴史』中央経済社
佐々木時雄(1975)『動物園の歴史:日本における動物園の成立』西田書店
成島悦雄(2006)「今,なぜ動物園なのか」『畜産の研究』第60巻第1号
日本動物園水族館協会(JAZA)「日本動物園水族館年報」(平成20年度)
本田公夫(2006)「日本の動物園の現状と課題」『畜産の研究』第60巻第1号
堀由紀子(1998)『水族館の話』岩波書店
牧慎一郎「動物園を行く」『Journal Musee』2008年6月号,10月号,2009年4月号,6月号,12月号
International Union of Directors of Zoological Gardens(1996) *The World Zoo Conservation Strategy*.(日本動物園水族館協会訳『世界動物園保全戦略:世界の動物園と水族館が地球環境保全に果たす役割』1996)

第2章 低成長・少子高齢化時代における公立動物園の経営改革

Ⅰ．イノベーションが求められてきた公的組織

1．公的組織におけるマネジメントの課題

　これまで，公立動物園のような公的組織の運営は民間企業とは異なるものである，と考えられてきた。その理由は，民間企業の組織目的が利潤追求であるのに対し，公的組織の目的は社会に対する有益なサービスの提供にある，とされてきたからである。しかしながら，人間の協働によって，限られた経営資源を如何にして効果的に活用していくか，というマネジメント問題は，複数の人間が協働するところには必ず存在するものであり(藤芳，1985，6-7ページ)，資本主義経済体制を採用する民間企業だけでなく，社会主義経済体制下の企業，さらには学校，軍隊，病院，自治体，スポーツ団体やボランティア団体など，組織目的の如何を問わず，あらゆる組織体に共通して求められる課題である(三戸，2002，19ページ)。

　このような考え方は，アメリカのドラッカー(Drucker, P. F.)やバーナード(Barnard, C. I.)，ドイツのメレロヴィッツ(Mellerowicz, K.)，フランスのファヨール(Fayol, H.)など，世界中の多くの研究者たちによって古くから指摘されていた(野田・川村訳，1972，5ページ；山本・田杉，飯野訳，1968，67-68ページ；今野，1978，56ページ；佐々木訳，1972，13ページをそれぞれ参照)。

　とはいえ，その後のマネジメント研究は民間企業の管理問題に焦点が当てられ，公的組織のマネジメント問題はあまり熱心には取り扱われてこなかった。その理由は，20世紀に入って急速に巨大化し複雑化した民間企業の組織環境の変化が体系的なマネジメント研究の必要性を強く求めてきた一方において，

公的組織には潤沢な経営資源が投入されてきた結果，限られた経営資源を如何にして効果的に活用していくか，というマネジメント問題の最も重要な課題がそれほど重要とされなかったからである。

しかしながら，今日，行政組織や公益事業などの公的組織の管理問題が改めて大きな課題となってきた。低成長・少子高齢化社会に伴う財政基盤の脆弱化によって公的組織に投入できる経営資源が急速に縮小してしまい，これまでのような公共サービスの提供が困難な状況になってきたからである。

このような中でわが国では，公的組織を独立法人化し，民間の経営経済学的手法を公的組織に導入することによって効率を高めようとする一方で，保健・医療・福祉，さらには教育業務などの公的サービスさえも民間や非営利組織に肩代わりさせようという政策が相次いで打ち出されていった。

非営利組織を法人化し，税制その他の優遇措置によって特定非営利活動を推進しようとしたNPO法の制定もその1つである。1998年に施行されたNPO法によって今日では医療・保健・福祉活動をはじめとして，まちづくり，社会教育，学術・文化活動などを行う多くのNPO法人が「雨後の竹の子」のように相次いで設立されてきた。とはいえ，NPOの活動はわが国ではまだ緒についたばかりであり，資金問題や人材の確保・育成など，多くの管理上の問題を抱えている。

これまで国や地方自治体が独自に行ってきた公共サービスを，非営利組織・企業・地域住民などとの連携によって行おうという，いわゆるPFI（Private Finance Initiative）やPPP（Public Private Partnership）に象徴されるNPM（New Public Management：新しい行政経営）の推進も政府が積極的に行ってきた施策の1つである。これらは，1992年に英国のサッチャー政権によって導入され，一定の成果をもたらした手法であるが，1998年にNPO法が制定されたことを契機として普及し，今日ではあらゆる地域で展開されている（日本政策投資銀行地域企画チーム編，2004，参照）。

しかしながら，PPPやPFIによる公益事業組織の目的は，逼迫した財政を民間の資金を導入することによって克服しようというところにあった。したが

って，その多くは「箱物」への投資に重点がおかれてきた結果として「木に竹をつぐようなちぐはぐなもの」(白川，2004，137ページ)で，「公共部門が実施するより非効率なもの」も少なくなかったといわれている(佐藤，2002，17ページ)。

その一方で，公的組織を安易に民間企業に管理委託し，民間の経営コンサルタントなどを使って，民間企業のノウハウをそのまま公的組織に適用したりする社会風潮も一般化しつつある。しかしながら，本来，公共サービスを提供する公的組織は，利潤追求を組織目的とする民間企業のやり方をそのまま導入することは不可能であり，安易にそれらを行おうとすれば多くの混乱が生じることは明らかである。

2．公的組織における環境適応戦略の必要性

どのような組織体や企業の運営にも万能な経営戦略やノウハウなどは存在しない。それぞれの組織体は，立地条件や消費者ニーズの変化などの外部環境や，人，物，金，あるいは情報などの内部環境がそれぞれ異なっているだけでなく，日々めまぐるしく変化しており，それらを的確に見きわめ，組織資源として活用していくための独自の環境適応戦略が必要となる。このような視点から筆者は，これまでさまざまな企業，さらには非営利組織を，組織の環境適応という視点から分析・検討を行ってきた。その過程の中で，適切な修正を加えることによって，民間企業の経営戦略が公的組織においても十分適用できることが明らかにされた(児玉，2001；2004；2005，をそれぞれ参照)。それによれば，公的組織は多くの点で民間企業と共通したマネジメントの課題を抱えている。

すなわち，財政的に厳しい局面にある低成長・少子高齢化時代においては，民間企業と同様に公的組織も，限られた資源をそれぞれの組織目的の達成に向けて有効に活用し，持続可能なサービスの提供が行われなければ，たとえその組織が提供するサービスが有用なものであっても，組織それ自体を解散せざるをえない。

したがって公的組織においても，持続可能なサービスを提供するためには，顧客が求めるサービスはどのようなものであり，顧客がそれらを効果的に得ら

れるためにはどのようにしたらよいのかという，一般企業で行われているマーケティング手法も大いに参考になろう。同時に，このプロセスにおいては，その組織の立地条件や競合相手の動向，経済・文化環境などの外部環境の現状や変化と，人・物・金・情報などの内部環境を見きわめ，それらを有効活用するためのイノベーション（自己革新）を引き出すための経営戦略の策定が不可欠である。とはいえ，公的組織の多くは，長期に渡って慣例化されてきた官僚主義的組織運営を払しょくすることは容易ではない。これを払しょくするためには従来常識とされてきたパラダイム（paradigm）と，それらを支えてきた組織文化を変えることが不可避な課題となる。

　また民間企業と同じように，公的組織は限られた資源を集中化するとともに，組織内でまかなえない資源は外部から取り込むという資源の最適配分によって，高付加価値の魅力ある商品やサービスを提供するための努力も求められている。なぜなら財政的に厳しい局面にある低成長・少子高齢化時代においては，他の地域に存在する同種の組織と比べて，より限られた資源で高付加価値の魅力あるサービスを提供できなければ，地域内外の人々や情報・資源を引きつける求心力を失い，組織の存在価値それ自体が問われることになるからである。

　さらにまた，民間企業の場合と同様に，高付加価値で魅力ある商品やサービスを生み出すために最も重要な資源は人的資源であるという点である。なぜなら他の組織に対する独自な商品やサービスは，「SECIモデル」で説明されているように（野中・勝見，2004，参照），人々の知的資源，すなわち現場スタッフが知恵を出しあい互いに高めあっていく価値共有化プロセスからのみ創出することができるからである。

　したがって，組織内外の人的資源，とりわけ知的資源を有効に活かすための施策もここでは不可欠となろう。そのためには，組織のリーダーは自らのビジョンと理念を，組織構成員や地域住民などの組織関係者にわかりやすく発信し，それらを組織内外の人々と価値の共有（「想い」を同じくする）を行うことで，組織戦略を地域住民・民間企業などの組織関係者と協働して推進していくための日常的な実践が求められてくる。財政基盤が脆弱化し，人々の価値観が多様化

していく低成長・少子高齢化社会ではこれらの点は益々重要となる。

とはいえ，企業の経営戦略の場合と同じように，公的組織の経営戦略もここで完結するわけではない。公的組織の場合でも民間企業と同じように組織環境は不断に変化し続けており，これらのプロセスをわかりやすく，しかも公正に評価・検証し改善を重ねていく，いわゆるPlan-Do-See（マネジメント・サイクル）を通じた不断のイノベーションが不可欠とされるのである。国民の税金によって運営される公的組織の場合にもこれらの問題は重要な課題である。

3．民間企業と異なる公的組織のマネジメント課題

民間企業と公的組織の大きな違いの1つは，組織目的の違いにある。民間企業の組織目的は，適正利潤の獲得にあるのに対して，公的組織の組織目的は公共サービスの提供である。しかしながら，公的組織はさまざまな種類があり，民間企業のように一元的なものではない。住民の健康の維持と病気治療を組織目的とする病院や，青少年の健全でかつ知的な人間教育を目的とする学校など，事業内容によってそれぞれまったく異なった組織目的をもっている。したがって民間企業の組織目的である利潤追求の方法と効率の論理をそのまま公的組織に適用することは不可能である。それぞれの公的組織はそれぞれの組織目的にそった戦略が展開されなければならない。

もう1つの大きな違いは，組織の継続性に関する違いである。民間企業は基本的には，コスト上の観点や雇用の維持などの理由から継続的発展が基本的に求められているのに対して，公的組織は，組織の継続的発展を前提とするものではなく，社会環境の変化に伴って提供されるサービスの有用性が失われた場合には組織の再編や解散が求められることになる。なぜなら，すでに社会的有用性を失った組織の存続は新たに生じた新しい公的サービスの提供を阻害するからである。

意思決定方式の違いも民間企業と公的組織で異なる点の1つである。民間企業の意思決定は企業独自で行うことができるのに対して，公的組織は事業主体である国民や地域住民の意思を反映することなしに事業所が独自で意思決定を

行うことは不可能である。事業主体の財務状況や当該事業所が提供するサービスの重要性を考慮した意思決定が必要とされるからである。

とはいえ，これらの違いはあくまで相対的なものであり，絶対的なものではない。民間企業であっても国民の安全を無視した利潤追求が許されないのと同様に，財政状態を全く無視した公的組織の運営も存立することができないのである。

組織の継続性についても同様である。継続性を前提とする民間企業であっても，提供する商品やサービスが消費者に受け入れられなくなった場合には，当該市場からの退出を余儀なくされるのと同様に，財政基盤が十分ではないという理由だけで公的組織を廃止してしまうことはできないのである。

同じように，公的組織であっても現場の人々の意思を十分活かすことができなければ効果的な運営は不可能であるし，民間企業であっても企業の社会的役割を無視した意思決定は許されるものではない。

他方，公的組織の運営上きわめて有利な点が1つある。それは，公的組織は民間企業と異なって事業者同士が互いにライバルではあっても敵対関係にないため，マートン(Merton, R. K.)が指摘する「縦割り行政」に象徴されるようなセクショナリズムさえなければ，それぞれのもっている経営資源のやりとりや交流が，容易に可能であるという点である(R. K. マートン＝森・金沢・中島訳, 1961, 参照)。

近年，老舗といわれてきた店舗や強大なブランド力を誇ってきた民間企業がきわめて短期間に次つぎと市場から撤退する一方で，多くの公的組織も財政上の問題から縮小・撤退に追い込まれている。これらの多くは大きく変化していく経営環境に対応したイノベーションを引き出すための努力を怠ってきた組織である。

そのような中で，自らの組織環境を見きわめ，自己革新を行うことによって効果的に管理・運営を行っている公的組織が数多く現れている。旭山市動物園に代表される動物園・水族館の運営もその1つである。わが国の地方の公立の動物園・水族館は地方財政が逼迫する中で「金喰い虫」とのレッテルを貼られ，

第2章　低成長・少子高齢化時代における公立動物園の経営改革

その多くが閉園の危機に見舞われた。しかしながら地方の小規模な旭山動物園や加茂水族館などが、さまざまなアイデアとスタッフの知恵と努力を駆使したイノベーションによって、見事に再生を果たしたことを契機として、日本全国の多くの施設が互いに学び合い、動物園・水族館全体の人気が復活しつつある。その意味ではこれらの動物園・水族館における復活の軌跡は、低成長・少子高齢化時代の進行によってますます厳しい状況に置かれていく公的組織全体の1つのモデルとなりうるのではないだろうか。

Ⅱ．パラダイムの転換で再生した旭山動物園

1．組織環境を見きわめた園の再生

　旭山動物園は札幌からJR特急で約1時間半、人口約36万人の旭川市の郊外にある市営動物園である。1967年日本最北端の動物園として設立され今日に至っている。飼育点数は2004年11月時点で148種806点であった。この数字は上野動物園(470種2,600点)や札幌の円山動物園(212種1,077点)と比べると小規模な動物園であることがわかる。職員数は、園長、副園長、飼育係を含めて19名のほか、臨時職員・嘱託を合わせて29名のスタッフによって運営されている。2005年には年間入園者数200万人を突破し、多くの政府閣僚や皇室の方々の訪問を受けるようになり、全国的に大きな注目を浴びた。

　しかしながら、同動物園はそれまで必ずしも順調な運営がなされてきたわけではない。開園当初の1967年には年間45万人以上の入園者があったが、その後の少子化の影響などで入園者は年々減少し続けていった。これに対し、メリーゴーランドや観覧車など子ども用の遊具設備の新設などで対応した。しかしながら小・中学生などの無料入園者数は一時的には増加したものの、入園者総数の減少を食い止めることができなかった。その理由は、各地に大型のレジャー施設が開園し、小規模な遊具では子どもたちを引き付けることができなかったからである。さらに、これに追い討ちをかけたのが1994年のエキノコックス事件であった。すなわちキタキツネを媒介とするエキノコックス症によって

ローランドゴリラなど，園内の動物2頭が死亡したことを受けて人体への二次感染を考慮し，同動物園は途中閉園を余儀なくされた。これによってさらに減少を続け，1996年には過去最低の26万人にまで入園者数が減少した。おりしも少子高齢化や景気低迷による市民税収入の減少が議論される中で，「金喰い虫」であるという意見さえ聞こえるようになり，動物園の存続さえも危うい状況に追い込まれたのである。このような中で，1995年に就任した新園長の強いリーダーシップのもとで以後さまざまな改革が行われていった。

先にも述べたように，高度成長が持続し財政基盤が十分整備されていた局面においては，国や地方自治体からの多くの補助を見込むことができ，それらを支えてきた地域住民は低負担で高いサービスを享受できた。しかしながら，低成長・少子高齢化時代を迎えた今日においては，地域住民は高負担，低サービスを余儀なくされている。このような中で公的組織は限られた資源をいかに効率よく運営し，住民が必要とするより高いサービスを提供する義務を負わされるようになってきたのである。公立動物園もその例外ではなかった。

かつての動物園の職員が最優先したことは飼育環境ではなく，まず動物を生かすことであった。このような中で動物園職員の仕事といえば，「獣舎の清掃と給餌」とみられている中で，動物園職員は「飼養研究・飼育研究・データ化・情報交換」などの取り組みを進め，地道にこつこつと時に苦しみ，悲しみ，発見し，喜び，ただただ純粋に言葉の通じない小さな命・大きな命と「同じ動物」として向き合ってきたのが現状であった。そうした中で新しく生まれてきた1つの目標は「繁殖研究」であった。つまり，「繁殖が成功する」ことは動物がその環境に満足し，安心しているという基準になるからである（丸山・小林，2006，3ページ）。

したがって，現場の飼育員は入園者に喜んでもらうという，いわゆるCS（Customer Satisfaction：顧客満足）の発想は乏しく，動物への愛情にその多くが向けられていた。とべ動物園のホッキョクグマ「ピース」の人工哺育飼育に成功したテレビドキュメント番組の中でも紹介されていたように，多くの飼育員たちの多くは勤務時間内だけでなく，寝食を忘れて動物たちのことを考えて仕事をしてきたのである。

しかしながら，組織環境の大きな変化の中で動物園はすでに「成熟産業」になっており，このままでは衰退の一途を辿るだけという状況にあった。実際，1983年から2003年までの20年間で全国の動物園の入園者数は25%も減少していた（小菅，前掲論文2006，9ページ）。このような中で，動物園が生き残っていくためには動物園という組織のパラダイム（一定の時代や分野において支配的であった物事の考え方）の転換が必要となった。

加護野（1985）は，企業におけるパラダイムの転換の契機としては，① 企業の成功に伴う規模拡大そのものが旧来のパラダイムの妥当性を失ってしまうとき，② 新たな事業分野への進出によって既存の事業分野で培われた企業パラダイムの妥当性が失われてしまうとき，③ 事業環境の構造的な変化によってこれまでのパラダイムの妥当性が失われてしまうとき，④ 強力な競合パラダイムの出現によって，これまでのパラダイムの有効性が失われてしまうときの4つをあげている（加護野，1985，183ページ）。動物園が置かれた状況をみると，③ がこれに相当するものであった。このような状況において，古いパラダイムに支配された組織文化を変え，新しいパラダイムに基づいた新しい組織文化を構築するためには新しいタイプのリーダーシップが必要である。

2．ビジョナリー・リーダーとしての園長の役割

組織文化とは，組織メンバーによって共有された信念と期待のパターンであり，組織の活動，意見，行動のパターンを決定する価値である。これらは，組織の戦略と適合した場合には強力なパワーとなるものである（今口，2001，121ページ）。

「トヨタの改善風土」に象徴されるように，長期間にわたって良好な業績を維持している企業にはそれぞれ独自な経営文化が維持されている。

新しい組織文化の形成に向けてのリーダーの課題は，① 新しい組織ビジョンや組織の使命を構築し，② それらを組織内外の人々と共有すること，③ 的確な組織戦略の策定することである。ここにおけるリーダーは，伝統的なリーダーであるカリスマ型リーダーや民主型リーダーとは異なった役割を担うビジ

ョナリー・リーダーと呼ばれるものである。ビジョナリー・リーダーは，新しい経営ビジョンを構築するために人々に共有ビジョンすなわち「夢を語る」必要がある。そしてその「夢」を組織内外の人々に共有してもらう努力が求められる。共有ビジョンとは「人々の心の中にある力であり，心の中に強く刻みこまれた力であり，われわれは何を創造したいのかという答えである」とされる。そして「このような共有ビジョンは相手と自分が同じようなイメージを抱き互いにコミットし合うときビジョンは真の意味で共有される。そしてビジョンが真に共有されるとき人々は共通の目的によってつながり，団結する」(P. M. センゲ＝守部訳，1995，225ページ)。

かつて，金も物も人も何ももっていなかった一介の養鶏業者にすぎなかった浜田輝男氏が，「北海道民出資の航空会社を設立し，自分たちの飛行機を飛ばして，運賃の半額化に挑戦してみよう」という夢だけで日本中の人々の支持を取り付け，エア・ドゥ社の立ち上げに成功したことに象徴されるように，「夢」はそれが多くの人々に共有されることによって大きな力になっていくのである(浜田，1999，参照)。

とはいえ，リーダーの夢を実現するためには的確な組織戦略を策定し，それらの夢やビジョンが実現可能であることを理解してもらうためにじっくりと分かりやすく説明することが必要とされる。その意味では，新しいリーダーは，新しい組織文化を構築するために必要な個々人のビジョンの「設計者」であると同時に，それらを統合することによって組織員の求心力を高め，奮い立たす「教師」としての役割をもつことが要求されるのである。1995年に園長に就任した小菅氏はまさにこのような新しいリーダーの役割を遂行すべくさまざまな改革を行っていった。

改革の柱の1つは，施設設備の充実であった。以前から動物園の飼育係は閉園後の仕事のあとに集まって当時の副園長を中心にそれぞれの施設の展示方法についての「夢」の構想づくり(後に「奇跡を起こした14枚のスケッチ」として知られているイラスト)が日々繰り返されていた。これらの構想は，それまでの動物園の常識を超えるものであった。そこにおける展示方法は，動物たちを単に展

示するというものでなく「毎日充実した日々を送っている動物の本来のありのままの姿を見てもらう」というものであった(週刊SPA!編集部，2005，48ページ)。

　改革の最初の仕事は，これらの構想を市に理解してもらうことであった。これらの構想は，新園長をはじめとする園の飼育係たちの地道で忍耐強い熱意によって当時の市長をはじめとする市側に伝わり，それらを実現するための予算が計上され，毎年，次々と新しい施設設備が充実していくことになる。

3．行動展示によるオンリーワン・高付加価値サービスの提供

　これらの改革の多くは，役所や施設の視点からではなく，顧客すなわち入園者の立場に立った改革であり，従来の動物園にはみられなかった独自なものであった。

　図表2-1.は旭山動物園の入園者数の推移と，同動物園のおもな施設設備の充実の推移を掲げたものである。1997年4月にオープンした「こども牧場」は，動物たちと子どもたちが檻の外で直接触れ合うことができることを目的とした施設である。1998年9月にオープンした「猛獣館」は，行動展示という独自な展示方法を取り入れた展示施設である。空中にせり出した檻や透明で分厚いガラスを設置することによって，トラやライオン，クマ，ヒョウなどの猛獣が数センチの至近距離でガラス越しにみることができるようになっている。このような行動展示という発想の展示方式は，それ以降に新設された施設にも取り入れられていく。

　1999年7月にオープンした「サル山」は，低位置から高位置にかけて螺旋状スロープを登りながら見学者がさまざまな角度から動きまわるサルをみることができるようになっている。サル山の中も縦横に丸太が組み立てられているほか，小さな穴の開いた餌箱が設置され，手を入れて餌を食べるサルの姿をみることができるなどのさまざまな工夫がなされている。

　2000年9月にオープンした「ペンギン館」は，360度から見学可能な水中透視展示施設である。展示室は透明なガラスに覆われたドーム式のトンネルによってペンギンを下からも眺めることができ，あたかも空を飛ぶ鳥のように猛スピ

ードで泳ぎまわるペンギンをみることができるよう工夫されている。2001年に設置された「オランウータン空中運動場」は，高さ17.2mの2本の塔を13.2mのロープで繋いだ施設であり，はるか高いロープをゆっくりとぶら下がりなが

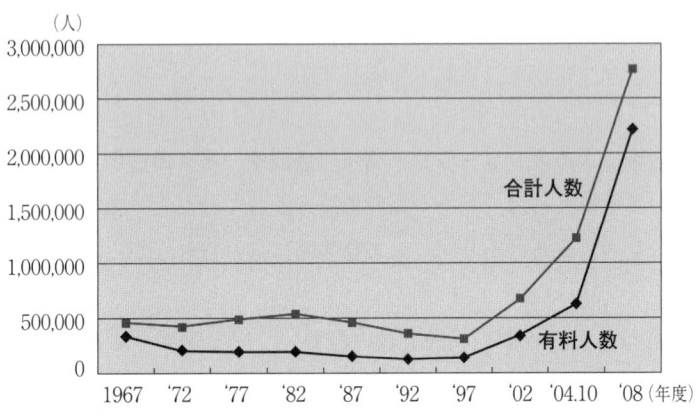

図表2-1. 旭山動物園の入園者数の推移と施設の整備

| 1986年
小菅氏係長に就任，坂東氏入園
「ワンポイントガイド」開始
「北海道産動物展示コーナー」オープン
1987年
「夜の動物園」開始
1989年
小菅氏「基本計画案」作成
動物病院オープン
1994年
ローランドゴリラ「ゴンタ」エキノコックス症のため死亡
　　臨時閉園
1995年
小菅氏園長就任
ボランティア組織「旭山動物園読み聞かせの会」発足
菅原旭山市長に「旭山動物園のあり方」を提案 | 1996年
あべ弘士退園
過去最低の入園者数26万人を記録
1997年
「こども牧場」オープン
飼育係を「飼育展示係」に名称変更
1998年
「せせらぎ水路」オープン
「猛獣館」オープン
1999年
「サル山」オープン
冬季開園開始(11月7日から3月28日)
パスポートチケットの導入
こども牧場，ととりの村
2000年
「ペンギン館」オープン | 2001年
「ペンギンの散歩」正式に開始
「オランウータン空中運動場」オープン
2002年
「ほっきょくぐま館」オープン
2003年
正月開園開始(1月2日から5日)
2004年
「あざらし館」オープン
2005年
年間入園者数200万人突破
NPO「旭山動物園くらぶ」設立
「くもざる・かぴばら館」オープン |

(出所)　小菅，岩野(2006)，および旭山動物園の内部資料から作成

ら移動するオランウータンの姿を下から眺めることができるようになっている。

　これらの施設設備の建設方法も従来の公的施設とはまったく異なっていた。それまでの公的施設の多くは膨大な資金をつぎ込んで専門のコンサルタント会社に依頼する方法によって建設されてきた。しかしながらこの方法ではどこにもあるような画一的な施設になってしまう。このような視点から同動物園では副園長を中心とするスタッフたちが設計の段階から自らが行い，建設に当たっても地元の建設会社と一つひとつ相談し，それぞれの動物の特性を考慮しながら作業を進めてきたのである。

4．3G 主義の徹底

　島田（1988）によれば，企業では，最新鋭の機械を据え付ければそれで済むというものではない。適切な生産技術があり，人々がそれを理解し，皆で取り組むしくみである「ヒューマンウェア」が大切であり，そのような技術を効果的に機能させるためには，技術と人間の密接な統合こそが大切であるとされている（島田，1988，まえがき部分より）。

　3G とは Genba, Genbutu, Genjitu（現場，現物，現実）の3つの頭文字を省略した3現主義という用語であり，日本の製造業で理論化され，今や世界中の製造業の現場で使用されている標語である。この言葉の意味するものは，「現場に足を運び」「現物を手にとり」「現実をみる」ことによってこそ企業や組織の活力となるイノベーションや知恵を生み出すことができるということである。企業の生産現場で生まれたこのような考え方は，企業の生産現場だけでなくあらゆる事業所や組織にも適用することができる。

　一時は閉園の声さえ囁かれた旭山動物園は，このような改革と園内スタッフの努力によって1997年以来入園者数が急激に増加した。1996年には30万人を割った入園者数は，翌年には30万人を回復し，6年後の2002年には60万人を突破，2004年10月の時点では120万人を突破し日本一の入園者数を誇る動物園になった。同動物園の入園者は旭川市よりもむしろ札幌，さらには道外を含めた多くの地域からの人々によって占められている。

図表2-2.は2004年4月29日から5月5日の動物園春祭期間中の有料入園者の内訳である。それによれば入園者数の25%が札幌市内からの入園者であり，旭川市内の入園者は22%と，その4分の1未満となっている。人口40万人足らずの北海道の地方都市の小さな動物園がこれほどの人気を得ることができた秘密はどこにあったのだろうか。ヒューマンウェアの活用と3G主義の徹底という視点からこれをみてみよう。

　旭山動物園の外部環境は，他の動物園や水族館と比較すると決して恵まれたものではない。たとえば，これを，同動物園と並んで注目を浴びている沖縄美ら海水族館と比較してみよう。美ら海水族館は那覇市から2時間の海岸線に立地する海洋博公園の中に立地する水族館である。海洋博公園は国の莫大な資金を投入して作られた公園であり，沖縄の素晴らしい海岸を一望できる最先端設備を備えた美しい大規模な公園である。公園内には，美ら海水族館のほか，海洋文化館，沖縄郷土村，熱帯ドリームセンター，熱帯・亜熱帯植物園，エメラルドビーチ，イルカスタジオ，海ガメ館など，紺碧の海を見下ろす小さな山全体が公園として造成され，公園内にはベルトコンベアー式の歩く歩道なども設置されている。美ら海水族館は，全長22.5m，高さ8.3m，アクリルパネルの厚さ60cmの建設当時世界一の規模であった水槽の中に全長7mの複数のジンベエザメのほか，巨大なマンタや貴重な大型魚類が泳ぎまわっている。建物は地上4階建ての室内のほとんどがじゅうたんばりで緩やかなスロープにそって

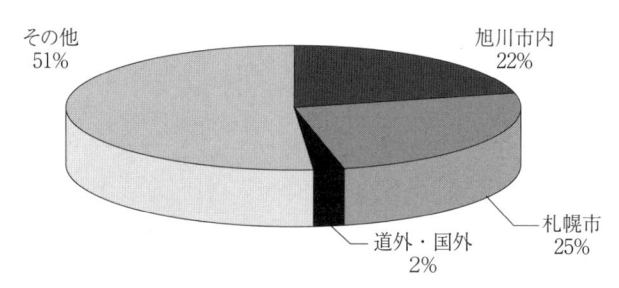

図表2-2. 旭山動物園の有料入園者の内訳

（出所）　旭山動物園　提供資料より作成
注）　この数値は，2004年4月29日から5月5日の動物園春祭期間中の有料入園者の内訳である。

館内を循環できる恵まれた設備のほか，世界初のサンゴの大規模飼育水槽，大勢の子どもたちが川の字に寝転んで下から見上げることのできる天井型水槽も整備されるなど，わが国トップクラスの規模と設備を持つ水族館である。2002年に現在の形に改装されて以来，2年足らずの間に500万人を超える入館者数を記録した水族館として注目を浴びた。

　それに比べ旭山動物園は，山の上から見下ろす景観は民家やビルが雑然と立ち並ぶ旭川の町並みが見える場所に立地している。園内の設備に関してみても雨や風の日は傘をさしてしのがなければならない状況にあるなど，立地条件や設備に関して比べると比較できないほど貧弱な状況にあった。しかしながら，近年注目されているMOT（Management of Technology：技術経営）の考え方に象徴されるように，最先端の技術や設備の導入だけが必ずしも組織の競争優位を保障するものではない。かつてキヤノン社が日常的な現場の知恵による特許技術の積み重ねによって当時巨人といわれたゼロックス社に対抗できたように，また近年では，韓国のサムスン電子が地域密着型のきめ細かい技術の積み重ねによって日本企業に対抗してきたように，組織の競争優位の獲得はその組織に見合った適正規模の設備や技術でも，日常的な現場の知恵を活用することによって，他に真似のできない独自な高付加価値を付与することが十分可能である（森谷，2004）。しかもこのような他に真似のできない高付加価値とは組織の外部からではなく，むしろ組織の内部，すなわち現場の中からこそ生み出されていくものである。それでは一体，世界最先端の設備や美しい立地条件などの恵まれた資源をもたない旭山動物園がこのような独自な魅力をどのように作り上げ，人々を引き付けることができたのだろうか。

　シュムペーター（Schumpeter, J. A.）はかつて，イノベーション，すなわち新しい価値の創造は，① 新しい種類の品質の財貨の製造，② 新しい生産方法，あるいは販売方法の導入，③ 新市場の開拓，④ 新しい資源・原料の獲得，⑤ 新しい経営組織の確立など，生産現場の技術革新などのハードウェアからだけではなく，ソフトウェアを含むさまざまな方法によって獲得が可能であることを指摘していた（シュムペーター＝塩野谷・東畑訳，1977，参照）。このよう

なイノベーションの源泉はさらに進んで,今日では,個人の創造性から組織,さらには産業界全体におよぶさまざまな外部環境要因によっても規定されることが明らかにされている(原,2009,23-24 ページ)。

また,ドラッカー(Drucker, P. F.)によれば,現代社会では土地,労働,資本など,従来最も重要とされてきた経済資源よりも,知識の創造こそが最も中心的な資源であり,知識創造こそが組織を動かすイノベーションの源泉であることを説いていた(ドラッカー＝林訳,1969,353-354 ページ)。これに関連して,伊丹(2003)は,事業活動にとって最も重要な資源は,人・物・金といった目にみえる資源よりも,技術開発力,熟練やノウハウ,特許,ブランド,顧客の信頼,顧客情報の蓄積,組織風土など目にみえない資源であるとしている(伊丹,2003,238-239 ページ)。

最近では,OECD(経済協力開発機構)や世界銀行などの国際機関は,組織や企業,まちづくりなどを効果的に行うためには,人と組織の間にある「目にみえない資産」であるソーシャル・キャピタルを活用することが重要であることを指摘している(上田,2010,参照)。

旭山動物園における「動物の本来のありのままの姿をみてもらおう」という考え方は,施設それ自体の特徴だけでなくその運営方法にも表れている。通常飼育係と呼ばれている園のスタッフは,ここでは飼育展示係という名称に変えられている。その趣旨には,単に動物の世話をするだけでなく,動物たちの姿を市民にみてもらうことに大きな意味を持って欲しいとの思いが込められていたのである。それまでの動物園の多くは,動物を隔離するための檻に,動物の名前や学名などが印刷されたプレートを無造作に掲げていたのに対し,ここでは担当展示係のかわいい手書きのイラストや,動物への愛情が伝わってくるコメントを記した大きな看板が掲示されている。

入園者の前で直接動物たちに餌を与えてみせる「もぐもぐタイム」には,嬉しそうな動物たちの姿が観察できるよう工夫されている。各動物についての詳しい説明や性格を展示係のスタッフが直接説明してくれる「ワンポイント・ガイド」も好評となっている。檻の外に連れだし園内を行列で散歩させるペンギンたち

第2章　低成長・少子高齢化時代における公立動物園の経営改革

の行進は同動物園の最大の人気イベントの1つになっている。夏休み期間には，動物園の夜間開園を行い，昼間とは異なる動物の生態を観察してもらう「夜の動物園」が実施されている。

　同動物園の特徴は，動物の1頭1頭の表情が非常に愛らしく，しかも動物の個性がみえるという点にある。他の施設では，入園者たちは集団としてのゴリラやペンギンの生態をみにくるのに対して，旭山動物園ではゴリラの「A男君，今年生まれたペンギンのB子ちゃん」という個体の1頭1頭の表情をはっきりとみることができる。その結果として，他の園では1回行っただけで満足してしまうのに対し，旭山動物園の場合には，前に見た「ペンギンのB子ちゃんの毛並みはどうなったかな」という思いで，入園者はまるで自分のペットをみに行くような感覚で何度も何度も園に足を向けたくなるのである。これらは如何に立派な設備などの物的資源を投入してもそれだけでは作り上げられるものではない。最新技術や珍しい動物の導入よりも北の地域に生息するありきたりの動物の生態をより活き活きとみせる努力によってこそ実現できるものである。動物はそれぞれ個性があり，他の商品のように多額の金と施設があれば高品質なものが製造されるというものではなく，飼育係の動物に対する愛情と手間をかけなければそれらの表情はけっして出てこない。旭山動物園では現場の飼育係がもっていた動物1頭1頭に対する愛情という組織内の知的資源を見きわめ，それらを徹底して活かした施設づくりと運営を行ってきたのである。

　旭山動物園の改革が成功した原因としては，成長・少子高齢化，市の財政基盤の脆弱化という組織環境の下で，自らの組織内環境を見きわめた戦略を実現した園長のリーダーシップや，旭川市の協力など，さまざま要因を挙げることができよう。しかしながら何よりも特徴的なことは，動物たちの立場に立ちながらも「顧客」である入園者にとって魅力ある独自な「高付加価値のオンリーワン・サービス」を提供し，満足してもらうという，いわゆるCS (Customer Satisfaction：顧客満足) を志向した園づくりを目指してスタッフ全員が気持ちを1つにして日々知恵を出し合うといういわゆるヒューマンウェアによって，現場からしかわからない飼育係の知識や知恵，動物への愛情，きめ細かい工夫とい

う「目にみえない」ソーシャル・キャピタルを活用することによって「不断のイノベーション」を続けてきたことにあったのではないか。

　また，繰り返し述べてきたように，企業もしくはそれぞれの組織に競争優位をもたらす独自な価値は組織外からではなく組織内の現場から生み出されるものである。地方の小規模な動物園という弱小組織にとっての最大の組織内資源は，動物とそれに係わっている現場の飼育展示係の動物に対する愛情と，入園者たちにそれをみて欲しいという熱意の中にこそあったのである。それらをいち早く見きわめ前面に押し出し，外部のコンサルタントに依存するのではなく，現場スタッフによる「自分たちの手による自分たちの動物園づくり」が行われ，飼育展示係員の手書きの看板や愛情のこもった説明によってさらに増幅され，これまでの動物園にはまねのできない高付加価値・オンリーワン・サービス，もしくは独自のブランドを形成することができたのである。

5．顧客創造と CRM の推進

　CRM (Customer Relationship Management：顧客関係管理)は，顧客との継続的な関係を構築し，きめ細かな情報を提供することによって顧客との関係を良好に保っていく手法である。もともと1990年代後半にアメリカにおいて注目された手法であった。その後，わが国でも2009年に社団法人CRM協議会が発足し，CRMの活用モデルとなる優れた企業や自治体の調査を行い，「ベストプラクティス賞」を授与するなど，CRMの重要性が注目されつつある。それらの手法は，動物園においてもリピーターを増加させるという形での顧客創造に役立つだけでなく，ボランティアやサポーターなど，組織外の人々の関心を引きつけるためにもきわめて重要なものである。インターネットに象徴されるようなIT革命によって企業や組織が顧客に直接サービスを提供できるONE to ONEマーケティングが可能となった今日では，企業や組織への顧客の求心力を維持・発展させていくための手軽で効果的な手段となってきた。旭山動物園では，ホームページ利用して動物園のイベント情報，園長談話などきめ細かい内容が楽しく掲載されており，2000年4月に開設されて以来2004年5月に50

万件を超えるアクセス数を記録していたのである。最近では，飼育員によるブログの開設やサポーター制度の導入など，顧客である市民とのきめ細かいコミュニケーションを構築するための活動が積極的に行われている。同時に，その最大の顧客である子どもたちを引きつけておくための施策も積極的に行ってきた。

　動物園で撮影した写真を対象とした「フォトコンテスト」，園内の動物図書館で行われる動物の「絵本読み聞かせ会」，動物園の動物を描く「児童動物画コンクール」，動物に関するクイズを解きながら園内を回る「わくわくゲーム大会」，動物に関する本を読んで感動したことをまとめてもらう「動物読書感想文コンクール」など年間を通してさまざまなイベントも行われている。動物園のイベントや動物たちの様子を紹介する機関紙「モユク・カムイ」では，飼育展示係のスタッフが個性的なイラストやコメントを掲載することで子どもでもわかりやすい魅力的な内容になっている。

　動物園をより多くの市民たちに知ってもらい，より快適に入園してもらおうというさまざまな試みも行われている。同動物園には障害者や高齢者用の車椅子10台，電動車椅子7台，乳母車58台が準備されているほか，高齢者や障害者優先の7人乗りの電気バスは20分ごとに運行されていた。また，人や動物・環境への配慮のため，園内にはおがくずを利用したバイオトイレが設置されている。

6．外部資源の有効活用

　低成長・少子高齢化，市の財政基盤の脆弱化という組織環境の下では，自らの組織内の資源には限界があるだけでなく，環境が複雑化した今日の社会では革新的な解決や成果を創造するためには，組織外の異なった技能や価値観をもった人々とのコラボレーションも重要となる（佐々木・加藤・東・澤田, 2009）。この点に関しての詳細は第7章・第8章で詳しく論じられることになるが，そのためには動物園以外の組織や人々との連携が重要な課題になる。旭山動物園では1995年には市民ボランティア「旭山動物園読み聞かせの会」を発足，2005

年には NPO「旭山動物園くらぶ」を設立するなど，地域のさまざまな組織と連携し，それらの協力を得て運営されている。

7．パブリシティ戦略の重視

　組織外の資源や知恵を活用し，組織外の人々や組織の協力を得るためには，より良い経営理念，組織の基本構想，製品・サービスを組織内で創造するだけでなく，それらの内容を組織成員や社会大衆，さらには世界に向かって効果的に発信していかなければ組織外の人々の理解を得ることは不可能である。したがって，組織は，外部の人々に向けて効果的に情報を発信するためのパブリシティ戦略を行うことが要求されている。

　パブリシティ戦略は，スポンサーに代金を払うことなく，マスメディアに働きかけ，記事や番組に掲載・放送するよう働きかける活動である。この戦略は単に広告のための費用がかからないというだけでなく，受け手に対する信頼度や注目度，そしてインパクトが広告以上に強いというメリットをもっている（柏木，1998，275ページ）。財政的に厳しい状況の中，公的組織が自らの活動内容を一般市民に知ってもらうためにはきわめて重要な活動の1つとなる。旭山動物園では，このようなパブリシティ戦略をさまざまなメディアを通じて積極的に行ってきた。

　前旭山動物園長の小菅氏は，自らを旭山動物園の広告塔と称し，多くの講演会，シンポジウムに出席したほか，TV，ラジオなどにも出演し，旭山動物園のPRを行ってきた。旭山動物園に関する著書も多く出版されている。マスメディアへの徹底したプレス・リリースも日常的に行い，北海道では旭山動物園のニュースや映像が流れない週は稀な状況となっている。テレビ・ドラマの作製やDVDも多数発売されてきた。インターネットによる情報発信も日常的に行われている。

8．CSR の遂行

　CSR（Corporate Social Responsibility：企業の社会的責任）は，もともと企業に

求められる概念であった。企業は利潤を追求するだけでなく，企業活動が社会へ与える影響に責任をもち，あらゆるステイクホルダー（利害関係者）の要求に応える必要がある，という考え方である。このような考え方は，民間企業だけでなくあらゆる組織にも要求される概念である。CSRの内容は明確な規定は必ずしも厳密なものでなく，それぞれの組織にとって異なった内容のものが要求されている。旭山動物園では，青少年の社会教育，環境保護，地域の動物の保護，地域社会の活性化など多くの試みを行ってきた。

先にも述べたように，「夜の動物園」や「絵本の読み聞かせ会」といった子どもたちを対象とするさまざまなイベントを行うことで青少年の社会教育を行ってきた。水を使わない「バイオトイレ」の園内設置も環境教育の一環である。動物病院の設置も地域の動物保護を目的としたものである。また，旭山動物園人気による旭川市や近隣地域への経済波及も相当な金額に上っており，地域社会の活性化にも大きな役割を果たしている。

9．評価と改善活動

前節で述べたように，組織の環境適応戦略は企業の環境適応戦略の場合と同じように1つのチャレンジが成功したとしてもそこで完結するわけではない。公的組織の場合でも民間企業と同じように組織環境が常に変化し続けており，これらのプロセスをわかりやすくしかも公正に評価・検証し，改善し，次のステップに活かされていくという，いわゆるPlan-Do-See（マネジメント・サイクル）の活動が不可欠とされるのである。国民・市民の税金によって運営される公的組織の場合にもこれらの問題は重要な課題である。

旭山動物園では，閉園後に日々スタッフによる反省会が行われ日常的な改善活動を行うとともに，春休み開園の開始や新東門のオープン，レストランの営業開始，「第2こども牧場」や「チンパンジーの森」をオープンさせるなど，毎年施設の改修や新設によって絶え間ないイノベーションを展開し続けてきているのである。

Ⅲ．ニッチ戦略で成功した加茂水族館

　ニッチ戦略(niche strategy)は，ポーター(Porter, M. E.)が提唱した競争戦略の1つである。中小・零細企業が，大企業があえて進出しない分野などに焦点を絞り，製品やサービスの分野を細分化，専門化・再分化し，非常に限定された市場に特化することでその分野のシェアや収益性の獲得を目指す戦略である。山形県の小さな街にある加茂水族館の再生を可能にしたのは，まさにニッチ戦略によるものであった。

1．施設概要

　すでに述べたように，動物園の中でも水生動物だけを飼育している水族館は動物園と比べると入園者数も順調に維持されてきた。収支状況も健全な施設が多く，日本の水族館は世界のトップレベルにあるといわれている。しかしながら，JAZA加盟の公立水族館の中では約3割の施設は顧客吸引率が1に満たない施設である。収支状況も厳しい状況にあり，広尾水族館のように，すでに閉館(2005年11月)に追い込まれた施設もある。その意味では動物園と同様に，水族館の在り方そのものが問われはじめていたのである。

　そのような中で注目されているのが加茂水族館である。加茂水族館は，1930年に水族館組合営による山形県水族館として設立された伝統のある施設である。しかしながらその後，さまざま変遷を経て今日に至っている。

　当初，地元の人々が金を出し合って組合営として出発した同施設は，その後，山形県から加茂町へ，そして鶴岡市に経営主体が代わっていった。現在地に移転し新築されたのは1964年のことである。移転させられた理由は，水産高校と水産試験所の拡張のため，というものであった。さらに，その後も1967年には(株)庄内観光公社に売却され民営化された。鶴岡市が再取得して市立水族館として開館したのは2002年のことである。

　現在では，鶴岡市の観光物産課が所管し，指定管理者である財団法人鶴岡市開発公社によって運営されている。延床面積は，1,200m^2，飼育動物は同施設

の目玉であるクラゲのほか，地元の淡水魚と海水魚，アシカ，ペンギンなどを合わせて226種(4,548点)である。スタッフは，館長以下，レストランと売店を担当する嘱託3名と臨時職員5名を含む合計14名によって運営されている小さな水族館である。最近では貸し切りバスで訪れる入園者も増加しているが，よほど注意深くみないと運転手が見過ごしてしまうほど目立たない施設である。立地条件も，JR鶴岡駅から午前中2本，午後3便が運行されている庄内交通バスで32分，というきわめて不利な条件下にある水族館である。しかしながら，オキクラゲなどクラゲの累代繁殖技術を世界で初めて確立した実績をもち，クラゲの展示数でも世界一を誇っている。入園者数は，1998年には10万人を割って閉館の危機にさらされたものの，その後，村上龍男館長以下，スタッフ全員の地道な努力によって人気が上昇した。現在では，日本全国だけでなく海外からも入園者が訪れるようになり，2008年には入園者数は19万人を超えている。収支状況もきわめて健全(収入1億8,800万円，経常経費1億2,600万円)で，利益を市に還元することで地域経済へも大きな貢献を行ってきた。

2．組織環境を見きわめた経営戦略

(1) クラゲ繁殖技術とクラネタリウムによる高付加価値サービスの提供

　加茂水族館の改革を成功に導いた原因は，館長を始めとするスタッフ全員の努力であったことには疑いはない。しかしながらそれらの改革を可能にしたのは，組織環境をみきわめた経営戦略の策定であった。それらは旭山動物園の改革とも多くの点で共通点をもっていた。

　村上館長は，「金も，物も，人も無い地方の小さな施設では他の施設では真似のできない独自性を出すことが大切である」(加茂水族館館長，村上龍男氏インタビュー，2010年2月22日，より)と考えていた。

　1997年には年間入園者数が9万人まで落ち込み閉館の危機に見舞われていた。このような加茂水族館を再生するために行われた1つの試みは「ラッコの展示」であった。当時のラッコは神通力があり，これを展示した水族館はどこも客が倍増していたのである。加茂水族館でもそれにあやかるつもりで設備を整え展

示した。しかしながら，入館者が増えたのは4カ月だけであり，5カ月後には前年よりも大きく落ち込んでしまったのである。

　そんな時に登場したのがクラゲであった。苦し紛れに展示したサンゴの水槽から見たこともない3ミリほどの生物が泳ぎだした。サカサクラゲの稚魚である。それを現在の副館長である当時の奥泉和也飼育員が育て，30〜40ミリ位になったものを展示したところ多くの客が歓声をあげて喜んでくれた。これを契機として，加茂水族館では，他の施設ではあまり取り組んでいないクラゲ展示によって独自性を出そうと考えたのである。館長によれば，「いつかクラゲ展示数世界一を達成できると信じていた」とのことである。

　早速，業者に依頼しクラゲ用の水槽を作ってもらい近くの海で採取した赤クラゲを飼育した。当時は，海水浴客を刺したり，漁師の網に被害を与えたりすることで，「海の嫌われ者」の代表とされているクラゲを飼育する施設はほとんどなく，飼育方法を知っていてもそれらのノウハウを教えてくれない施設もあり，試行錯誤の繰り返しであった。

　さらに，当初，業者に依頼して作らせた水槽のほとんどは機能しなかった。そのため当時の奥泉飼育員がクラゲ専用の水槽を独自に設計・開発した。この水槽がうまく機能し，12種類のクラゲを展示することができ，1999年にはクラゲ展示数日本一を達成することができたのである。次に目指したのは，クラゲ展示数世界一であった。

　しかしながら，クラゲを継続的に展示するためには自家繁殖が必要であった。とはいえ，クラゲの繁殖には多くの困難が伴っていた。クラゲは他の水生生物と異なった生態をもっていたからである。すなわち他の魚などの受精卵がそのまま成魚として成長することができるのに対し，クラゲの小さな受精卵はその後「ポリプ」という特殊なものに変化し，それがあちこちに伸び，芽を出して次々と新しい「ポリプ」を作りながら繁殖する。これに刺激を与えることによって初めて稚クラゲが発生するという特殊な生態をもっている。

　この稚クラゲの管理にも多くの作業が必要であった。この稚クラゲは，自分で泳ぐ能力がないため微妙な水質・水温管理と水流管理が必要になるだけでな

く，チリのように小さなクラゲを，スポイトを使いながら1匹ずつ他の水槽に移し替える作業や，水槽のバクテリア除去作業の連続となる。さらにまた，4カ月足らずの寿命のクラゲを継続して展示するためにはクラゲを体長別に分け，常に一定の数を飼育し続けなければならない。

　もう1つの問題は，このようなクラゲを継続的に繁殖させ，展示し続けるためには，他の水生動物とは異なった特殊な装置が必要とされるということであった。ところが，繁殖に必要な特殊な顕微鏡や恒温箱を購入するための余裕は当時の加茂水族館には全くなかったのである。その結果スナクラゲ以外はすべて繁殖に失敗してしまった。このため2000年1月，隣接した水族館の宿直室を改装し独自の繁殖室を作り，同時に14の特別展示室を改装した。これらの努力の結果，クラゲの繁殖と展示がようやく可能になったのである。

　この特別展示室は通常の魚を展示する水槽とはまったく異なった新しいオンリーワン・サービスを提供するものであった。真っ暗にされた水槽にわずかな光の効果を加えることによって，純白や赤いクラゲたちがわずかな水流に向かってゆったりと泳ぐ様子は，「天女が闇の中で舞っている」かのようにみえて美しく，人々に感動を与えてくれるものとなった。同年5月にはこの展示室の名称を一般から募集，市内の小学5年生の応募した「クラネタリウム」に決定された。クラネタリウムという名称は，水槽の中で泳ぐクラゲの姿が闇夜に光る星座をみせてくれるプラネタリウムのようにみえたことからイメージされたものであった。

　さらに同年7月には登別マリンパークより2種類5個体を送ってもらい繁殖に成功，以後継続的にさまざまなクラゲの繁殖に成功し，JAZAより「日本繁殖賞」を受賞する。この頃より加茂水族館のクラネタリウムはマスメディアから注目され，入園者数も右肩上がりで増加していった。

(2) 徹底した健全経営

　都市部と比較して財政状況が乏しい地方都市にとって動物園や水族館といった経費のかさむ施設を維持するためには，より健全な運営が要求されている。

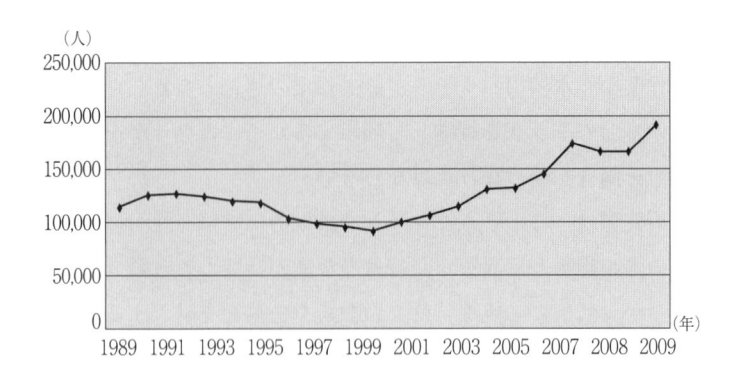

1930年，	水族館組合営の「山形県水族館」と して設立	1997年	クラゲ展示取り組み
1944年，	山形県に移譲	1999年	クラゲ展示数日本一
1946年，	県立加茂水産高校の仮校舎として 利用	2002年	鶴岡市が再取得，市立水族館とし て開館
1953年，	加茂町に無償譲渡	2004年	クラゲ展示数，世界一を達成
1956年，	鶴岡市加茂水族館として再館	2006年	鶴岡市開発公社に管理運営を委託
1964年，	現在地に移転新築	2008年	「古賀賞」を受賞
1967年	(株)庄内観光公社に売却		

図表 2-3. 加茂水族館の入館者数とその沿革

(出所) 久保田信監修，村上龍男著(2008),『山形加茂海岸のクラゲ』東北出版企画

　加茂水族館の館長である村上龍男氏は1966年に鶴岡市加茂水族館に勤務して以来，民営化時代を含めて40年以上にわたって同水族館とその苦楽を共に歩み，その間に独自な哲学を身につけてきた。最も重要なことは健全経営という点であった。この哲学は，代表権を館長である自分に押し付けられることで1億円以上の借金を負わされた経験や，施設の借金が全額返済されるまで退職金を受け取れなかった経験などを通じて身につけられたものであった。

　館長によれば，地方の小さな水族館は「官に頼るのではなく，自由に使える金を自分たちの知恵を使って稼ぐ努力が必要である」とされる。なぜなら，「役人は時代をみる目がない人が多く，独自性が出せないばかりか，条例や法律に縛られて迅速な対応ができない」からである。しかしながら，「常に変化している動物園や水族館の現場では，迅速に対応することが求められており，すぐに

自由に使える金を持っていなければやって行けないため,自由な金は,自分たちの知恵と努力で獲得しなければならない」(加茂水族館館長,村上龍男氏インタビュー,2010年2月22日,より)のである。

この点について村上館長は,「経営だけは旭山には負けない」という自負をもっている。なぜなら「旭山動物園は自分たちの夢やアイデアを旭川市にお願いしてやってもらったのに対して加茂水族館はほとんど自分たちでやってきた」(同上)からである。館長によれば,「新しいものを建てて客を呼ぶことはだれでもできることであり,古くなってどうしようもないものを立て直すことが価値あることであり,それも人の力を借りないで自力で,評価を取り戻す,そうでなければ本当にやったとはいえない」(村上,2009,174ページ)ということである。

実際,加茂水族館では,市からの補助金はまったく受け取っていないだけでなく,逆に7年間で6,000万円を市に提供してきた。加茂水族館で展示している水生動物も輸入業者から購入したものはまったくなく,すべて館長や飼育員が地元から採取してきたものや,他の水族館からもらい受けたものだけを展示している。人気のクラゲ展示施設であるクラネタリウムも自らの施設のスタッフが独自に開発したものである。クラゲの繁殖に必要な恒温箱も,地元でホテル経営をしていた満光園から不要になった客室用冷蔵庫2台をもらい受け,サーモスタットをつけて「恒温箱」として使用しているものである。クラゲのポリプを採取するための実体顕微鏡は山形大学農学部の後藤三千代教授の協力によって学術振興機構から補助金(25万円)を確保し,購入してもらったものであった。加茂水族館では,自力で獲得したそれらの資源と,現場の人間が知恵と努力によってクラゲの美しさを引き出し,人々に感動を与え,多くの入園者を全国から集めることができたのである(図表2-3.参照)。

(3) パブリシティ戦略の重視

地方の小規模な施設が他の地域から人々を呼び込むためには,自らの施設が行っている内容を発信し,広く他の地域の人々に知ってもらうための努力がとりわけ重要である。このようなパブリシティ戦略の重要性を認識し,これを積

極的に行ってきたことも加茂水族館の改革を推進させたものの1つであった。

村上館長によれば,「良いものを開発するだけでなく,地元のものを世の中,それも発信先は,地域だけではなく,世界に発信することが必要である」と考えていた。そのためにはマスメディアの積極的な活用が重要であった。

このような考えに基づいて,加茂水族館ではクラネタリウムがマスコミに取り上げられ,入園者数が増加しつつあった2000年頃からクラゲ料理を併設する食堂で提供し始めた。マスメディアが注目しそうな話題を次々と提供し続けることを通じて,「海の嫌われ者」としてのクラゲの魅力と加茂水族館の実態を世の中の人々に知ってもらうことが必要であると考えたからである。このような考え方に基づき,村上館長は自らがホームページやブログにコメントを積極的に書き続けるとともに,本の出版やさまざまなシンポジウムへの参加,マスメディアの取材への応対など,自らが積極的に行ってきた。2001年10月,山形市ビッグウィングで開催された「生涯学習フェスティバル」では,6種のクラゲを展示し,訪問した秋篠宮文仁殿下に対しても村上館長自らが説明にあたったほか,2008年3月には,オワンクラゲの発光物質の研究でノーベル化学賞を受賞した下村脩博士の受賞記念講演会でもパネリストとして参加するなど,精力的に活動を行っている。

このような情報発信活動の結果,さまざまな効果が表われていった。先にも述べた学術振興機構から補助金(25万円)を確保し,念願の「実態顕微鏡」を購入することができたのもこれらの成果の1つである。その後も,2002年には鶴岡市が庄内観光公社から水族館を再取得し市立水族館として開館することになった。それによって市の協力が得られるようになり,繁殖室を充実,「冷水機」5台を導入,8月にはクラゲ繁殖室を「鶴岡市クラゲ研究所」に改装するなど施設の充実も進めることが可能になったのである。

クラゲ料理は,館長自らが考案し,食堂のスタッフに作ってもらったものが館内のレストランのメニューに次々と加えられていた。2004年の3月の「クラゲアイスクリーム」販売開始,8月の「クラゲ入り饅頭」「クラゲ入り羊羹」,2007年2月,「クラゲ料理コンクール」を企画・開催,4月には,クラゲ入りラ

ーメンを企画し販売するなど，その後も継続的に進められていった。この間，多くの水族館からさまざまな指導を受けられるようになっただけでなく，多くの施設からクラゲの贈与も受けるようになった。2004年には40種を越す展示数を維持し世界一の展示数を誇る水族館となったのである。

　また，2004年5月と2006年11月には，それぞれ韓国水族館スタッフと中国視察団訪問を受け入れた。さらに2006年1月，香港オーシャン・パーク水族館の視察団3名が訪問し，5月には奥泉副館長が香港にクラゲ指導に行っている。その後，かつて世界一のクラゲ水族館であったアメリカ・モントレー水族館の飼育主任のインフォーマルでの訪問を受けたほか，2007年10月には，中国大連老虎水族館より6名の視察団を受け入れるなど，海外との施設との交流も急速に進められていった。

　2008年には動物園の最高の誇りである「古賀賞」を受賞，入園者数も2010年には20万人を突破したのである。現在，新しい水族館も新築中であり，2013年には新装開館の予定となっている。

3．ビジョナリー・リーダーに徹した館長

　人々に感動を与える独自なサービスを提供するためには，現場の人々の知恵を引き出すことが不可欠である。そこにおけるリーダーの課題は，すでに述べたように，組織ビジョンや組織の使命を構築し，それらを組織内外の人々と共有し，的確な組織戦略を策定することである。ここにおけるリーダーは，伝統的なリーダーであるカリスマ型リーダーや民主型リーダーとは異なった役割を担うビジョナリー・リーダーと呼ばれるものである。ビジョナリーは，新しい経営ビジョンを構築するために人々に共有ビジョンすなわち「夢を語る」必要がある。そしてその「夢」を組織内外の人々に共有してもらう努力が求められる。共有ビジョンとは「人々の心の中にある力であり，心の中に強く刻みこまれた力であり，われわれは何を創造したいのか，という答えであるとされる。このような共有ビジョンは，相手と自分が同じようなイメージを抱き互いにコミットし合うときビジョンは真の意味で共有される。そしてビジョンが真に共有さ

れるとき人々は共通の目的によってつながり，団結することができる。その意味では，新しいリーダーは，新しい組織文化を構築するために必要な個々人のビジョンの「設計者」であると同時に，個人のビジョンを統合する「給仕役」であり，組織員の求心力を高め，奮い立たす「教師」としての役割をも合わせ持つリーダーが必要とされるのである。加茂水族館の村上館長はまさにこのようなビジョナリー・リーダーに要求される資質を備えていた。個々人の夢やビジョンを共有という点に関してみると，管理者の役割について村上館長は，次のように述べている。

「管理職の立場にいるものは，しっかりとした夢やビジョンを持ち，それらを組織の内部の人間だけでなく社会に発信し共有してもらうこと，そして，若い現場の人々が活き活きと働ける環境を作ってやってことが一番大切な仕事である。なぜなら，夢やビジョンを皆で共有できれば皆で地道な努力が続けられる。そして，努力が結果に結びついていく喜びを部下に与えてやることができれば人間は知恵を限りなく出せるものである。仕事をするのは結局人間であり，現場の人間の意欲，知恵，努力こそが人の真似のできない価値を生み出すものである」(加茂水族館館長，村上龍男氏インタビュー，2010年2月22日，より)。

「クラゲ展示世界一」を目指そうという館長の夢は，飼育員だけでなく，クラゲ料理の開発に係わってきたレストランのスタッフ全員や，地域や他の施設などの組織外のさまざまな人々によっても共有され，実現できたのである。

加茂水族館では「加茂水族館改築基本構想」の作成に着手し，加茂水族館の新たな発展のための道筋が示された。その骨子は館長自らが1週間で書き上げたものであった。基本構想は鶴岡市立加茂水族館改築基本構想策定委員会(委員長：鶴岡市副市長)によって2009年3月に完成した。基本構想によれば，その理念は，「庄内・鶴岡の歴史や文化に抱かれた恵み豊かな海を中心とする水生動物を通じて，人と自然のかかわりあいを追求し，世界に開かれた生命(いのち)のふるさととなる水族館を創造する」とされ，そのためには，① 生涯学習・調査研究の拠点として，子どもたちをはじめ人々の心を育む水族館，② 交流の拠点として世界に発信する水族館として，地元の小中学校，高校・大学・水産

試験所などとの連携,観光,庄内・鶴岡に関する自然と文化の発信を行う機能を果たすものであると定められている(鶴岡市発行:鶴岡市立加茂水族館改築基本構想,2009年3月より)。

　これまで本章では,低成長・少子高齢化時代における公立動物園の経営改革をその先駆けとなった旭山動物園と加茂水族館の事例を取り上げ,マネジメント理論によって分析・紹介してきた。本章で取り上げた旭山動物園と加茂水族館の経営改革プロセスは,組織間学習を通じて日本各地の施設にも多大な影響を及ぼしていくことになる。次章では,これについてみることにする。

引用・参考文献

Barnard, C. I., *The Function of the Executive*, 1938.(山本安次郎・田杉競,飯野春樹訳(1968)『経営者の役割』ダイヤモンド社)

Drucker, P. F., *The Effective Executive*, 1965.(野田一夫・川村欣也訳(1966)『経営者の条件』ダイヤモンド社)

Drucker, P. F.(1969) *The Age of Discontinuity*. 林雄二郎訳,『断絶の時代:来るべき知識社会の構想』ダイヤモンド社

Senge, Peter M.(1990) *The Art & Practice of The Learning Organization: The Fifth Discipline*. 森部信之訳(1995)『最強組織の法則,新時代のチームワークとは何か』徳間書店

藤芳誠一編著(1985)「経営管理学の意義」『経営学辞典』泉文堂

三戸　公(2002)『管理とは何か』文眞堂

今野登(1978)『ドイツ企業間理論』千倉書房

H. ファヨール,佐々木恒夫訳(1972)『産業ならびに一般の管理』未来社

日本政策投資銀行地域企画チーム編(2004)『PPPではじめる実践地域再生』ぎょうせい

白川一郎(2004)『自治体破産,再生の鍵は何か』日本放送協会

佐藤信之(2002)「都市公共交通分野における民活(PPP)事例の研究」公共事業学会『公共事業研究』第54巻第1号(通巻第140号)

週刊SPA!編集部(2005)『旭山動物園の奇跡』扶桑社

児玉敏一(2001)「経営環境と経営戦略」明治大学『経営論集』第49巻第4号

同上(2004)『環境適応の経営管理:低成長・グローバル時代の日本的経営』学文社

同上(2006)「低成長・少子高齢化時代における非営利組織の環境適応戦略」『札幌学

院大学商経論集』第 24 巻第 1 号
野中郁次郎・勝見明(2004)『イノベーションの本質』日経 BP 社
マートン,R. K. 著,森東吾・金沢実・中島竜太郎訳(1961)『社会理論と社会構造』みすず書店
丸山裕範・小林正和(2006)「須坂動物園の取り組み」信州自治研究会『信州自治』2006 年 4 月号
小菅正夫・岩野俊郎(2006)『戦う動物園:旭山動物園と到津の森公園の物語』中央公論新社
小菅正夫(2006)『旭山動物園革命』,角川書店
加護野忠男(1985)『組織認識論』千倉書房
今口忠政(2001)『戦略構築と組織設計のマネジメント』中央経済社
浜田輝男(1999)『エア・ドゥ:ゼロから飛んだ航空会社』WAVE 出版
島田晴雄(1988)『ヒューマンウェアーの経済学,アメリカの中の日本企業』岩波書店
日本経営教育学会編(2005)『MOT と 21 世紀の経営課題』学文社
森谷正規(2004)『捨てよ先端技術』祥伝社
日本経済新聞社編(2002)『キャノン高収益復活の秘密』日本経済新聞社
シュンペーター,J. A. 著,塩野谷雄一・東畑精一訳(1977)『経済発展の理論―企業者利潤・資本・信用』岩波書店
原拓志「日本企業の技術イノベーション」」(2009)日本経営学会編『日本企業のイノベーション』千倉書房
伊丹敬之(2003)『経営戦略の論理』日本経済新聞社
上田和勇「現代企業経営におけるソーシャル・キャピタルの重要性」(2010)『社会関係資本研究論集』第 1 号。
佐々木利廣・加藤高明・東俊之・澤田好宏(2009)『組織間コラボレーション,協働が社会的価値を生み出す』ナカニシヤ出版
柏木重秋編著(1998)『マーケティング・コミュニケーション』同文館出版
村上龍男著,久保田信監修(2008)『山形加茂海岸のクラゲ』,東北出版企画
同上(2009)『クラゲ館長最後の釣り語り』東北出版企画
同上(1999)『思い出語りイワナ釣り三昧』東北出版企画

第3章 組織間学習による動物園改革の展開

Ⅰ．組織学習とイノベーション

1．組織学習から組織間学習へ

　組織は，個人と同じように学習することが知られている(R. M.サイアート，J. R.マーチ＝松田武彦・井上恒夫訳，1967)。すなわち，組織は，一人の人間と同じように，外部環境に対応するためには，組織が抱える課題や知識創造を行うための活動が必要であり，他の組織の学習成果を取り入れることで，より効果的に学習していくことが要求されている。この過程が，組織学習(Organizational Learning)といわれるものである。

　組織は，既存知識が不十分で環境への適応が十分でないとその業績が低下する。組織の成果の低下は，組織学習の必要性を刺激し，新たな情報収集，知識獲得，創造を促し，既存知識の修正や棄却を求めることになる。このような組織の中で，個人は知識開発のための探索活動を求められることになる。個人は，体験によるか，あるいは演繹によるか，さらには他者からの知識の導入を試みることで，既存知識の変革，あるいは新知識を獲得する。さらに，個人の知識は，コミュニケーションを通じて組織内の他者に伝えられる。また新たな知識は他のメンバーによって評価され他の知識と統合され組織メンバーに共有されることによって組織の知識として獲得・蓄積されることになる(根本，1998，89-96ページ)。

2．イノベーションの学習プロセス

　組織学習によって組織は，他の組織が獲得したイノベーション(新しい知識の

創造)をより効果的に学習し、さらなる新しいイノベーションを獲得することができる。第2章でも触れたSECIモデルは組織内における知識移転だけでなく組織間の知識移転プロセスにも適応可能な理論である。すなわち、個々人が身につけた経験のような目に見えにくい「暗黙知」は、まずそのままの形で他者に伝授され共同化(Socialization)されていく、しかしながら、暗黙知はそのままでは他者に伝えにくいため、言語や図表など他者に目にみえやすい「形式知」に表出化(Externalization)されることで多くの人に理解される。そしてまたこのような形式知はIT技術やグループ・ウェアによって形式知同士が組み合わされ、「連結化」(Combination)されることによってさらにまた新しい知識が生み出されることになる。このような知識は、他の多く人々の体験によって内面化(Internalization)されていく。しかしながら、このような知識創造プロセスは、これで完結するのではない。多くの人々によって内面化された知識がさらに新しい一連のサイクルとなって循環し、より多くの知識が学習されていくのである(加護野ほか,1985,222ページ)。

このような組織学習のプロセスは、単に組織内レベルに留まるものではない。特定の組織から生まれたイノベーションは、個人レベルのミクロな時点から他の組織に学習されながらマクロな地点である産業全体にまで波及されていくのである(原,2009,22-25ページ)。その意味では、イノベーションは、まず個人が中心になり、それらが周囲と連動し組織の学習に展開、さらには組織間学習、学習する組織(learning organization)という形に発展していく(根本,1998,86ページ)。

動物園や水族館というきわめて閉鎖的な組織が、大きく変化する環境に適応して成長していくためにはこのようなイノベーション、すなわち新しい知識創造のプロセスと、学習する組織への転換が強く求められていたのである。このような組織学習の必要性を各地の動物園に与える契機となったのは旭山動物園や加茂水族館の経験であった。

第3章　組織間学習による動物園改革の展開

3．組織間学習の特徴

　わが国の動物園や水族館の入園者数の動向をみると，すでに述べたように，旭山動物園や加茂水族館が入園者数を急激に増加し，注目された2000年以降，各施設によってタイムラグがあるものの多くの施設がそれらに対応するような形で入園者数を増加させてきた。しかしながら，動物園の現状をみる限り，各地の施設の組織学習は全体的に同時並行的な形で進められたわけではなかった。第2章ですでに述べたように，JAZAが発行している日本動物園水族館年報の資料から計算すると，1999年度から2008年度までの10年間に顧客吸引率（年

図表3-1. 顧客吸引率（年間入園者数÷所在地人口）を上昇させた上位20の動物園

（1999年度を100とした指数）

動物園名	1999年度	2008年度	指数
旭川市旭山動物園	1.16	7.81	673
須坂市動物園	1.32	3.86	292
沖縄こども未来ゾーン	1.66	2.75	166
姫路市立動物園	0.9	1.41	157
神戸市立王子動物園	0.66	0.94	142
福山市立動物園	0.39	0.54	138
海の中道海浜公園動物の森	0.53	0.68	128
広島市安佐動物公園	0.41	0.49	120
おびひろ動物園	0.72	0.85	118
長野市茶臼山動物園	1.09	1.27	117
盛岡市動物公園	0.58	0.54	117
秋田市大森山動物園	0.68	0.78	115
札幌市円山動物園	0.33	0.37	112
東京都多摩動物公園	5.48	6.1	112
釧路市動物園	0.64	0.7	109
大牟田市動物園	1.25	1.36	109
甲府市遊亀公園附属動物園	0.56	0.6	107
佐世保市亜熱帯動植物園	0.72	0.77	107
到津の森動物公園	0.36	0.38	106
羽村市動物園	4.1	4.32	105

（出所）「日本動物園水族館年報」の1998年度と2008年度の資料より作成

間入園者数÷所在地人口)を向上させた動物園は,23の施設であるのに対し,19の施設が顧客吸引率を低下させていた。収支状況についてみると21施設が収支状況を改善させていたのに対し,19施設が収支状況を悪化させていたのである。不均等な組織学習の実態は,個々の施設の顧客吸引率の改善状況からもみることができる。

図表3-1.は,JAZAが毎年発行している動物園水族館年報の1999年度版と2008年度版からそれぞれの施設の顧客吸引率(年間入園者数÷所在地人口)と上昇率を計算し,その間に顧客吸引率を改善させた上位20施設を掲げたものである。これをみると,北海道(旭山,おびひろ,円山,釧路の各動物園),長野県(須坂,茶臼山の各動物園),兵庫県(王子,姫路の各動物園),広島県(安佐,福山の各動物園),福岡県(到津,大牟田,海の中道の各動物園),東京郊外(多摩,羽村の各動物園)など,近隣地域の施設が上位20位以内に入っており,同一地域,もしくは近隣地域の施設だけが,それぞれ競い合いながら顧客吸引率を向上させていたことがわかる。それでは一体,各施設における組織間学習はどのような形で行われたのだろうか。

4.組織間学習の方法

動物園における組織間学習の方法は,次のような形で行われてきた。
　① JAZA主催の研究発表会・研修会などの会合,ブロック大会
　② IT,書籍などのメディアの利用
　③ 施設間で行われる交流会
　④ 他の施設への研修
　⑤ 飼育係,技術者の会合(全国およびブロック大会)
　⑥ 個人的な人的ネットワークの利用
　⑦ 休暇を利用した自費での施設見学

JAZAは,日本の動物園水族館事業の発展振興を図り,文化の発展と科学技術の振興を目的とした組織である。その会員になるためには「設立の意図や運

営方針が審査基準に合致していること」「健全なレクリエーション施設であること」「教育活動が行われていること」「動物は展示動物等の飼育保護に関する基準に合致していること」「野生動物の保護に協力していること」「研究活動が行われていること」「報告，会合の義務負担ができること」「規模の内容が活動に影響しないこと」という8つの資格基準に合致することが求められている(JAZA「日本動物園水族館協会事業概要」2009, 69 ページ)。2012 年 4 月 20 日の時点で，会員数は動物園 86 園，水族館 65 館の計 151 園館に上っている。総裁は，秋篠宮文仁親王殿下が務めている。JAZA 主催の研修会や研究会は多くのものがあり，毎年定期的にそれぞれの施設によってもちまわりで開催されている。平成 21 年度の会合についてみると，次のような内容で行われていた(施設名は略称)。

「園館長協議会」(2009 年 5 月，於秋田市ビューホテル)
① 著名作家による記念講演
② 文部科学省官僚および環境省の官僚による 2 つの講演会
③ 3 施設の園長および館長による課題講演
④ ブロック課題講演
　　旭山動物園坂東園長ほか 7 施設の園長による 7 つの報告
⑤ 海外出張報告(JAZA 専務理事の報告を含む 2 名による報告)
「動物園技術者研究会」(10 月，多摩動物公園)
　秋篠宮殿下ほか 63 施設の園長 104 名の参加者による 32 の研究発表会，8 つのポスター報告，および施設見学会などが行われた。
「水族館技術者研究会」(1 月，沖縄美ら海水族館)
　　41 園館 67 名が参加，9 つの研究発表，5 つの話題提供，ほかトレーニングセミナー，および施設見学会が実施された。
「海獣技術者研究会」(10 月，沖縄美ら海水族館，44 園館 71 名参加)
「動物園水族館設備会議」(9 月，海の中道海洋生態科学館，38 園館 63 名参加)
「ゾウ会議」(秋田市大森山動物園，44 園館 71 名参加)

「ワークショップ」
　　　動物園部門(21年1月，千葉市動物公園，22園館43名参加)
　　　水族館部門(11月，滋賀県立琵琶湖博物館，22園館，43名参加)
　また，このような全国的な大会のほか，ブロックごとに行われる各種講習会も積極的に行われている。2009年度に行われた会合には次のようなものがある。
「動物園飼育係研修会」(1泊2日)
　　① 北海道ブロック(おびひろ動物園，10園館14名参加)
　　② 関東東北ブロック(横浜金沢動物園，15園館40名参加)
　　③ 中部ブロック(鯖江市西山動物園，25園館32名参加)
　　④ 近畿ブロック(王子動物園，9園館27名参加)
　　⑤ 中国・四国ブロック(10園館26名参加)
「水族館部門」
　　① 北海道ブロック(千歳サケのふるさと館，10園館19名参加)
　　② 関東東北ブロック(サンシャイン水族館，14園館25名参加)
　　③ 中部ブロック(東海大学海洋科学博物館，22園館32名参加)
　　④ 近畿ブロック(海遊館，11園館21名が参加)
　　⑤ 中国・四国ブロック(しまね海洋水族館，7園館18名参加)
　　⑥ 海の中道海洋生態科学館(14園館29名参加)
「事務主任会議」
　　① 関東東北ブロック(こども動物自然公園，33園館40名参加)
　　② 中部ブロック(豊橋総合動植物公園，15園館5名参加)
　　③ 近畿ブロック(みさき公園，15園館22名参加)
　　④ 中国・四国ブロック(しまね海洋館，7園館17名参加)
　　⑤ 九州・沖縄ブロック(到津の森公園，14園館16名参加)
「その他の会議」
　　① ブロック別園館長会議
　　② ブロック別動物園会議
　　③ ブロック別動物園技術者研究会

第3章　組織間学習による動物園改革の展開

④　ブロック別水族館技術者研究会
⑤　ブロック別獣医研究会
　　茶臼山動物園，15園館20名参加
　　日本平動物園，13園17名参加
　　東山動物園，15園館22名参加
　　豊橋動物園，13園17名が参加

　　　　　　　以上，日本動物園水族館協会「事業概要2009年度版」より抽出

　JAZAが行うこのような組織間学習の会合はフォーマルなものであるために，互いの情報はきわめて広範にわたっているだけでなく精査されており，それぞれの施設の改善には最も重要な役割を果たしてきたと考えられる。とはいえ，多くは各施設のリーダー格の人々が定期的に参加するものであるため，リアルタイムの情報や現場の「腹を割った」詳細な情報が他の方法によるものと比較して得られにくいという短所ももっている。

　IT技術が日常的に利用できるようになった今日では，インターネットのホームページやブログからの情報収集は最も手軽に入手できる手段である。今日，ほとんどの施設が，内容的にはかなりの温度差があるもののインターネットによるホームページやブログによる情報発信を行っており，関係者の誰でもが，自由な時間にアクセスすることができるというメリットをもっている。しかしながら，それらの情報は，きわめて概略的なものであるだけでなくそれぞれの施設にとって「都合の良い」表面的なものになってしまう場合もある。

　その点，書籍や雑誌を通じた情報はより詳細で内容も充実したものが多いものの，社会的に注目されている一部の施設以外の情報が得られにくいというデメリットをもっている。

　多くの施設は，近隣の施設との交流会を行っている。このような交流会は，日常的な課題や悩みをより本音で情報交換ができるという側面をもっている。全国的に開催されるフォーマルな会合で報告された，いわば「形式知」としての情報を直接確認する上で重要な役割をもっていることが考えられる。

また，比較的スタッフに余裕のある施設では一定の期間，スタッフを他の施設や研究機関に研修に行かせるという配慮を行っている。この方法は，数か月，あるいは1年間といった長期の期間にわたって，全く異なった組織風土の施設や地域で生活することによって，単なる施設の交流会や研究会では学ぶことのできない知識を肌で学ぶことができるという点で組織間学習をより効果的に行うことができる。しかしながら，多くの動物園や水族館は財政的にもスタッフ的にもきわめて厳しいぎりぎりの状況で運営されているのが現状であり，余裕のある一部の施設でしか実施できないという難点をもっている。

　「全国飼育者の集い」と呼ばれている飼育係，技術者による会合は毎年，持ち回りで開催されているもので，現場の飼育係が「身銭を切って」参加するインフォーマルな会合である。

　毎年150人を超える現場の飼育係が参加しているものである。この会合は，それぞれの施設の飼育係が自分自身のポケットマネーで参加する目的意識の高い参加者による会合である。その内容も講演会による勉強会のほか，大宴会が行われ，動物のぬいぐるみなどのコスチュームなどの余興も飛び出すなど，全国の飼育係がインフォーマルな形で「語りの場」を通じた情報交換が行われる。これらの「ブロック毎の会合」もあり，普段は動物園や水族館といったきわめて閉鎖的な施設の中で働いている飼育員が，外部の人々と，本音で悩みなどを語りあえる「ノミュニケーション」を通じた「語りの場」となっている。

　通常，2〜3泊程度で，前夜祭，後夜祭などの名目でインフォーマルに飲み歩くなど，互いに「腹を割った」交流を行うことによって，仕事だけではなく人間的な交流を深めるための重要な役割をも果たしている。

　自然の中の動物と異なった人工的な施設の中で動物の飼育・繁殖，さらに人工哺育を行うためには現場の飼育係の日々の涙ぐましい努力が必要であるとされているが，現場の飼育者によるこのような会合は，飼育員の「明日への活力をもらう」と同時に飼育係の組織間学習が効果的に図れる場（「須坂市動物園飼育日誌」「円山動物園飼育日誌」）として，きわめて有効な組織間学習の場となっている（須坂市動物園ホームページ，円山動物園のホームページをそれぞれ参照）。

第3章　組織間学習による動物園改革の展開

　全国的な交流会や「飼育員のつどい」などを契機として得られた人間関係は，単なる仕事だけの関係から個人的な信頼関係まで発展し，自己の失敗談や個人的な悩みに至るまであらゆる情報交換を行える関係はさまざまな苦労や悩みを抱える現場のスタッフが，前向きに仕事を続けていくためにはきわめて重要である。到津の森動物園長の岩野俊郎氏と前旭山動物園長の小菅正夫氏の関係はよく知られているが，このような関係は多くの飼育係同士が個人的なネットワークを利用し互いに助け合っていることが推察できる。

　今日の公立動物園や水族館は財政的にも厳しい状況に置かれており，市当局や市民の支援も十分でなく，多くの公立動物園・水族館施設のスタッフは，休暇を利用した自費での他の施設見学を行わざるを得ないなど，孤立無援のまま現場の人々の努力だけに依存して運営されている施設も少なくない。筆者が訪ねた多くの施設でも施設への公共交通手段が全くないという施設や，資料のコピー1枚さえも節約しなければならない厳しい状況に置かれた施設，あるいは，人員削減が日常的に行われることによって，組織運営にとって最も重要な人的資源の育成もままならないという状況に置かれている施設も少なくない状況にあった。

　今日，さまざまな形のマスメディアに注目されている施設の多くも，きわめて限定された組織間学習の機会を有効に活用しながら，管理者と現場のスタッフがそれぞれの組織環境に適合する戦略を策定し，不断のイノベーションを行うことによって改革を進めてきたのである。

Ⅱ．ビジョナリー・リーダーによる円山動物園の再生

1．組織内環境の見きわめ

　札幌市円山動物園（以下，円山動物園と呼ぶ）は，人口191万人を超える札幌市の中心に近い円山公園内に位置する都市型動物園であり，国内で10番目に開園された伝統のある動物園である。繁殖技術に関してみても，日本ではじめてのアカカンガルーの人工保育やペルシャヒョウの繁殖など，多くの繁殖に成

功してきたことで知られている動物園である。

　飼育展示動物は，171種，1,047点，41人(事務9人，飼育係26人，工事設備6人)によって運営されている。敷地面積は，224,780m²と，旭山動物園の1.5倍の広さをもっている。立地条件からみてもその規模からみても，同じ北海道にある旭山動物園と比べると，入園者を獲得するという点においては，はるかに有利な条件にある。

　しかしながら，1965年には100万人を，そして1975年には125万人を超えていた入園者数は年々減少し，旭山動物園が急速に入園者数を増加させた2001年度以後も入園者の減少を食い止めることができず，2005年度には有料・無料をあわせた入園者数を49万人まで減少させてしまっていた。

　このような中で，市民が寄付してくれた動物の餌を円山動物園職員が家に待ちかえってしまうという「動物の餌の持ち帰り」報道がなされ，市民からの多くの批判を浴びた。こうした状況に対して市の行政監査が入ったのである。2006年4月に出された行政監査結果は次のような内容をもつきわめて厳しいものであった。

「組織としての機能不全」
　　−(1) 組織として孤立
　　−(2) トップマネジメントの欠如
　　−(3) 飼育員の意識格差セクショナリズムと前例踏襲の組織風土
「構想と計画の不存在」
　　−(1) 将来構想の策定こそ急務
　　−(2) 施設の老朽化と施設整備計画の必要性
「経営的視点の欠如」
　　−(1) 多額の累積赤字(毎年10億円近い赤字)
　　−(2) 入園者データの軽視
「業務委託に見直しの余地(ずさんな業務委託)」
「市民の意見が運営に反映されていない(ボランティアの意見が反映されてい

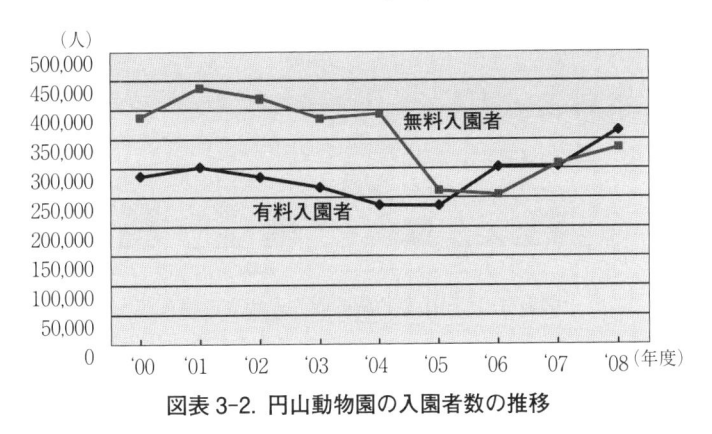

図表 3-2. 円山動物園の入園者数の推移

（出所）　円山動物園提供資料より作成

ない）」

（平成17年度札幌市行政監査報告書より）

　このような監査結果を受けた形で，円山動物園の改革が開始された。改革が開始された2006年4月以降，入園者数もV字回復し，2009年度にはすでに70万人を突破した。収支状況も大幅に改善されていったのである（図表3-3.参照）。そして2009年3月には，10年間をめどにした基本計画を策定し，動物園の改革はさらに大きく歩みだした。

２．新しい組織文化の構築

　改革はリーダーの入れ替え，新しい組織文化の構築，ハードよりソフト（現場の人的資源）を重視したイノベーション，CS（顧客満足）の徹底，組織外資源の有効活用，CRM（顧客関係管理）の推進，CIの推進とパブリシティ戦略の重視という7つの柱を重視した形で進められた。

　最初に行われたのは，リーダーの入れ替えであった。2006年4月，新園長と課長，係長の3人が市から派遣された。それまでの園長は，代々獣医師によって占められていたが新任の園長の金澤信治氏は，それまで動物園とはまった

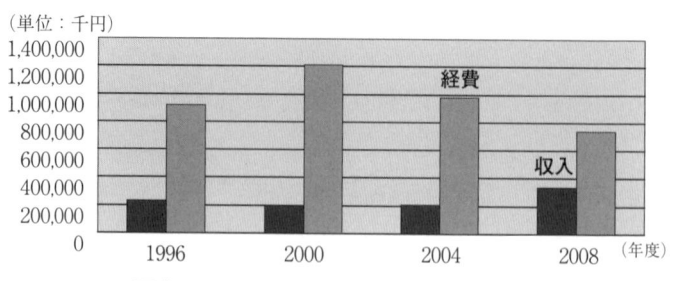

図表 3-3. 円山動物園の収入と収支の推移

（出所）　円山動物園提供資料より作成

く無縁な市の事務職出身であった。この時の状況を金沢氏は，次のように語っている。

「就任する10日前の3月20日に市長・助役から電話があり，就任が決まった。市長からは，『旭山のような動物園にしてくれという要望』」があったのに対して，「『NO』といったら，市長は『好きなようにやれ』」といってくれた。予算はまったくつかなかった。「出張したとき以外は24時間勤務状態」で「1000日修行」の日々が続いた（円山動物園元園長，金澤信治氏インタビュー，(2010年5月2日より）。このようにして，3年間にわたる新園長の戦いが開始されたのである。

　組織は，環境変化への適応ができなくなるときその組織の存在価値そのものがなくなってしまう。しかしながら，組織は徐々にしのびよる外部の驚異に対してはなかなか対応できないために，次のような「ゆでられた蛙」の寓話が生まれたといわれている。

「お湯が沸騰中のなべに蛙を入れれば蛙はあわてて外に飛び出そうとする。しかし常温の水に入れ怖がらせなければ蛙は27度くらいに上昇してもみるからに満足げにみえる。水温がさらに上昇するにつれて，蛙はだんだん消耗し，とうとう鍋から出ることができなくなる。」(P. M. センゲ＝守部訳，1995，33ページ）

　戦後のアメリカ自動車産業が日本の自動車産業の脅威に対して同じような状況にあったことが知られているけれども，今日のわが国の産業界や公的組織の一部にもこのような状態が一般化しつつある。行政監査報告にもあったように，

第3章　組織間学習による動物園改革の展開

円山動物園もまさにこのような状況で組織としての機能不全の状態に陥っていたのである。

　閉塞状況に陥ったこのような組織を，人々が継続的にその能力を広げ，創造し，互いに学びあう「学習型組織」にするためには新しい組織文化を構築する必要がある。そのためには，新しいタイプのリーダーによる共有ビジョンの構築が必要であるといわれている(P. M. センゲ＝守部訳，1995，第3部，参照)。

　繰り返し述べてきたように，ここにおける新しいリーダーは，いわゆるビジョナリー・リーダー，もしくはサーバント・リーダーと呼ばれているものである。このようなリーダーは「方向性を定め，重要な意思決定を下し，指揮下のグループを叱咤激励する特別な人材というこれまでの伝統的な英雄ではなく，学習プロセスをつくりあげる設計者であり，個人のビジョンを統合するサーバント(給仕役)であり，かつ組織の方向性をどこに向ければいいのかを教える「教師」となるリーダーである」(P. M. センゲ＝守部訳，1995，363-384ページ)。

　バーナード(Barnard, C. I.)がいうように，組織は組織に対する構成員の貢献意欲，共通目的，コミュニケーションを必要十分条件として成立する。すなわち，活動システムとしての組織が成立するためには，組織員が組織に自己の活動を提供し，それを他の人々と調整しようとする意欲が必要である。また，そのような意欲を引き出すためには個々人の最大公約数である共通の目的が必要となる。さらにまた相互の意思と共通目的を相互に伝達するためのコミュニケーションが必要となる(藤芳編著，1985，136ページ)。

　そして，共有ビジョンは「人々の心の中ある力，心に強く刻みつけられた力であり，われわれは何を創造したいとか，という問いに対する答えである。相手と自分が同じようなイメージを抱き互いにコミットし合いビジョンが真の意味で共有されるとき，人々は共通の目標によってつながり団結する。そしてチームが真に学びつつあるとき個々のメンバーもほかでは不可能なほど急成長を遂げる」のである(P. M. センゲ＝守部訳，1995，225ページ，および18ページ)。新しいリーダーとして出発した金澤氏がまず初めに行ったことは，新しい組織文化と共有ビジョンを構築することであった。

金沢氏は，このような共通ビジョンを構築するため動物園全員のスタッフ一人ひとりと3時間近く半年間をかけて面談を行い，「どのような動物園にしたいのか」を聞き取る作業を行った。その後，飼育員と事務職員をグループ化し，ディスカッションを行う日々が数カ月間続けられた。

　そのような中から，子供動物園担当の飼育員である三浦氏の構想をベースとして新しい動物園の構想が構築されていった（図表3-4.を参照）。このときの想いを三浦氏は筆者らに次のように語ってくれた。

　「子供の頃から動物園が好きで，動物園に就職したかった。中学からアルバイトで使ってもらい，18歳で夢が叶い21歳で正職員になった。その間，何度も新しい動物園に対する企画書を出しても無視されてきた。いい園長がきたらいつか企画書を出そうと構想を練り続けていた」（円山動物園飼育員，三浦圭氏インタビュー，2009年6月16日より）。

　このような夢を実現できたのは，新園長の金沢氏の独自なリーダー観があったからである。氏によれば，「部下を変えるためには自分自身が変わる必要がある」とした上で，管理者は管理者の役割を率先してやってみせ，現場の夢，や

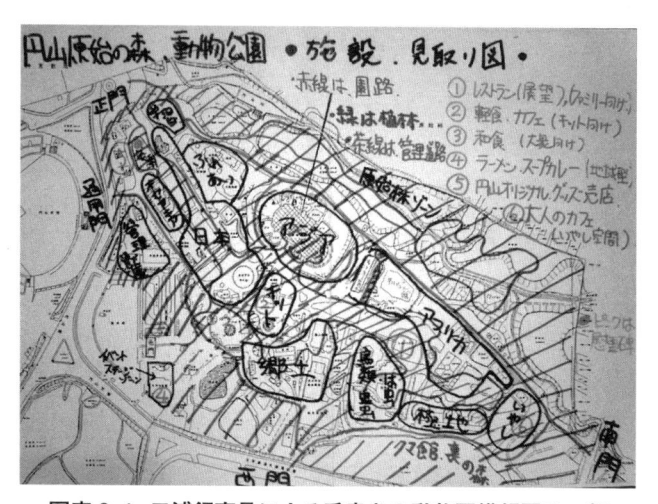

図表3-4．三浦飼育員による手書きの動物園構想図の一部

（出所）　円山動物園三浦氏提供

る気を叶えてやることが必要であると考えていた。今日，多くの企業や職場で行われているような，現場の給与カットや人員削減は経営者・管理者の責任を部下に転嫁することであり，管理者は自ら率先して知恵と工夫で経費を削減することが大切であると考えていた。そのために真っ先に行ったことは，無駄な経費の削減努力であった。動物園の場合，例えば，トドの池の水を替えるだけでも1回5万円の経費が必要とされるなど，多額の動物の餌代だけでなく目にみえない多くの経費がかかっている。最初に実施したのは無駄な経費の削減であった。それまでの園では，必要なときに購入していた動物の餌を特定の業者や漁協から大量に一括購入し，冷凍保存することによって経費を削減した。光熱費の削減のために重油の集中暖房も分散暖房に変えた。

　また，市長と現場スタッフが直接ひざを交えた「ノミュニケーション」による「語りの場」を設けることで，「どうせやっても市の協力は得られない，とする当局への失望やあきらめ感」を払しょくするなど，園スタッフに対するきめ細かな努力も惜しまなかった。「創造する喜び」「実行する喜び」「教える喜び」「上達する喜び」を飼育員にたちに知ってもらうため，ワンポイント・ガイドなど，動物の管理以外の業務を積極的に担当してもらうことにした。当初は必ずしもスタッフ全員が積極的にこれに応えてくれなかった。そのため，最初は，「構想に参加したい人，この指とまれ」方式によって，意欲のある者を前面に押し出す形で進められていった。

　話すことが苦手だという職員には，ポップ広告や看板のイラストを担当してもらった。それまでは，課長以上の職員が担当していたマスメディアへの対応も現場の飼育員に担当させた。人にみられることによって，自分自身の意識が変わり，仕事への意欲や責任感がでてくると考えたからである。実際に，テレビで直接取材に応じていた飼育員はまったく知らない女性に「頑張ってください」と声をかけられ，仕事への取り組み方が大きく変化した，とのことである。

　このようなリーダーの考え方や姿勢が園のスタッフ全員の意識を急速に変えていったのである。

3. ソフトを重視した差別化戦略

ポーター(Porter M. E.)がいうように，企業や組織が競争相手との競争で優位に立つためには，① 差別化戦略，② コスト・リーダーシップ，③ 集中化戦略が重要である(ポーター，土岐，ほか訳，1992，58ページ)。しかしながら，公共の組織である公立動物園の場合には，コストによる競争優位戦略は不可能であり，いかにして他の施設と差別化し，自らの資源を集中することによって施設の独自性を出していけるかが重要になる。同じ北海道においては旭山動物園が動物の見せ方を工夫する「行動展示」を導入することによってブランド化され日本中から注目されるようになり，新施設も次々と建設されつつあった。このような状況の中で円山動物園が採った戦略は，珍しい動物を展示したり，新しい建物を建設したりする，いわゆるハードを重視したやり方ではなく，現場スタッフの知恵を使ったソフトを重視するという差別化戦略であった。その理由は，旭山動物園との共存が必要であるという点，そして何よりも財政状態が厳しい今日の状況では市当局からの財政支援は期待できないと判断したからである。

新リーダーの金澤氏と園のスタッフは，このような人的資源，とりわけ現場の人々の知恵を使った新しいイノベーションによって人々を引きつける園づくりが重要であると考えていた。「動物と飼育員はセットであり，マイナーな動物でも飼育員との掛け合いで人気はでる」「目に見えない電波を絵で描け」という考え方に基づいた改革を次々と行っていった。その1つが入園者の立場に立った園づくりであった。

4. CSの徹底

従来の動物園では，動物の飼育，繁殖が何よりも重要視され，入園者の立場に立った園づくりという視点は後回しにされてきた。しかしながら，市民の税金で運営される公立の動物園は何よりも市民(顧客)に満足してもらうCS(Customer Satisfaction: 顧客満足)の視点が必要とされている。このような視点から，円山動物園では入園者に喜んでもらう施設づくりを徹底して行うことにした。

それらは「おもてなし日本一を目指す動物園」というキャッチフレーズのもとに，「利用しやすい施設」「体験学習などによって顧客の満足度を高めること」「スタッフの笑顔，気軽に声をかけてもらうこと」という形で具体化されていった（三木，2011，参照）。

　2007年に完成したサル山の展示施設の前には，ゆったりとしたレスト・スペースが設けられているほか，多くのイスが設置され，大きなガラス越しにサルたちを観察することができるよう工夫されている。この施設は，飼育員自らが初めてデザインを行って作り上げた施設である。公務員の世界は，「計画」と「執行」が厳格に分離され，ネズミ1匹とるにも，ガラス1枚取り替えるにも市の了解が必要であった。動物園の施設の建設は業者と市当局の責任者の主導によって作られており，現場の飼育係は意見を聞かれる程度のものであった。しかしながら，それぞれの動物の個性や習性は現場の飼育員が最も知りつくしており，現場の飼育員自身がデザインすることが動物の魅力や個性を引き出すために必要であったのである。

　体験学習やさまざまなイベントの積極的な開催も顧客に満足してもらうための重要な手段の1つであった。単に動物をみてもらうだけでなく，実際に動物と触れ合うことによって動物たちへの愛情は一層濃いものになるからである。

　体験学習に関して円山動物園では古くから行ってきた実績をもっている。夏休みなど一定の期間，札幌市の多くの小学生が一日体験を経験してきている。しかしながら，それらは一定の時期に限定されたものであった。今日では，「アニメのキャラクターショー」「カバと一緒に虫歯予防デー」「羊の毛刈」「夏の一日保育係」など年間を通してさまざまなイベントが行われている。また，Webシティ札幌による，円山動物園を毎日配信サービス，総合学習の受け入れ，教材の貸し出し，ワークブックのダウンロードサービス，園内の動物病院での治療の見学や診療機器の説明など（小中学生対象，無料，毎週土曜日開催），今日ではほとんど日常的に子どもたちを含めたさまざまなイベントが行われている。

　「スタッフの笑顔，気軽に声をかけてもらうこと」は，入園者に喜んでもらうためにはきわめて重要なことであり，サービスを提供する組織であれば基本中

の基本の問題であるものの，簡単そうで最も難しい問題である。日々，動物の世話や管理に気を使わなければならないスタッフにとっては顧客に満足してもらうことの大切さを十分理解しなければできないことであるからである。

5．外部資源の有効活用

　右肩あがりの経済成長がもはや望めなくなった今日では，市からの財政支援も限られており，市当局だけに財政支援を仰ぐというこれまでのやり方では動物園の運営は困難になっており，組織外の資源を有効に活用することが必要である。このため円山動物園は，「わたしの動物園」というスローガンをもとに，市民や地域が動物園をベースに情報発信できる市民参加型動物園という独自の動物園を目指すことになった。

　民間企業との連携という点についてみると，これまでトヨタ自販，JAL，セブン－イレブン，コカ・コーラ社などさまざまな企業と提携し，協力を得てきている。具体的にみると，トヨタ自販との提携は，トヨタのエコカーであるプリウスが1台売れるごとに1万円が，そして1台試乗してもらうごとに100円が動物園に寄付される仕組みになっている。JALによる協力は，「札幌白くま赤ちゃんキャンペーン」といわれるもので，インターネットを使ったライブカメラによる映像配信を担当してもらうというものである。セブン－イレブンとの提携は，公立動物園内にわが国で初めて店舗を設置したほか，九州からのキリンの輸送代金の200万円を負担してもらうことと引き換えに，キリンの名前をセブン－イレブンにちなんだ「ナナコ」と命名するなど，企業イメージの向上をはじめとする企業側へのメリットもきめ細かく配慮された形となっていた。

　このほか，園内への直営店の設置，自動販売機を利用した環境メッセージの配信（コカコーラ社），餌代の寄付，グッズの開発・販売，各種イベントへの支援や共同開催など，さまざまな形での協力関係が作り上げられている。札幌市民や他の地域との協力関係も積極的に展開されている。市民との提携では，市民動物園会議を開催（9名により3カ月に1回程度開催される，1回1万円程度の報酬あり）し，円山動物園の基本構想を推進するために市民（指名と公募）から意

見やアイデアを募っている。

　また，円山動物園では「円山動物園ボランティア会」を組織し，1998年から実施されてきた。これまで100名以上が登録され，6班に分かれてポイントガイドを行っている。「円山動物園友の会」では，年5回の例会で動物の羽や角などを使って楽しい作品を作るなどの活動が実施されている。市民グループとの連携も積極的に行われている。

　NPO法人ネオスと連携した「北海道子連れプロジェクト」もその1つである。このプロジェクトは，週2回，小学校1～6年対象として，放課後に円山動物園に有料で集まってもらい体験学習を行うというものであるが，その会費の一部を動物の餌代に寄付してもらうというものである。

　札幌市民との連携だけでなく，北海道内の他の市民との連携も積極的な行われている。円山動物園は西興部村と連携し，グッズ販売，園からの出前講義，札幌市と西興部村子どもたちとの交流などを行っている。また，NPO法人霧多布湿原トラストとも連携し，地域の動物を採取し動物園に送付してもらう代わりに湿原における環境保全活動のPRへの協力を行っている。

　円山動物園では，札幌市立大学や酪農学園大学との連携を行い，共同研究や情報交換（酪農学園大学）など，それぞれの大学の持ち味を生かしたさまざまな活動を始めている。

　その他，NPO，企業，市の3者による共同プロジェクトも行われ成功をおさめている。NPO法人シビックメディ，GELデザイン社，札幌市経済局などと共同で開発された保冷型弁当「GEL-COOま」（白くまがデザインされている）は発売と同時に完売したことで一躍注目を浴びた商品である（この点に関しては佐々木，2009，参照）。

　円山動物園では，このような市民や他の組織との連携のほか，2010年12月から北海道内の他の3つの動物園（旭山・おびひろ・釧路の各動物園）と連携して，ホッキョクグマの繁殖を行おうという試みにも参加している。

6．CRM の推進

　円山動物園では,「わたしの動物園構想」を策定し,市民参加型動物園を目指すという考え方によってさまざまな CRM（顧客関係管理）活動を展開してきている。「アニマルファミリー会員制度」はこれを象徴する試みであった。

　この制度は,市民,企業,団体が気に入った動物を選び,餌代を支援してもらうというもので,大人1口5,000円,中学生以下2,000円を負担してもらう代わりに会員にはニュースレターやメールによって動物の近況を伝え,支援動物の誕生日や感謝イベントに招待してくれるというものである。これらの会員の名前と支援動物については,園内の看板で広く公開されている。

　すでに述べた市民動物園会議や NPO 法人ネオスと連携した「放課後は円山動物園に集まれプロジェクト」も, IT のみ利用したものはないものの,顧客との関係を良好なものにしていこうという, CRM の考え方に根ざした活動であった。円山動物園のこのような取り組みが評価され,一般社団法人 CRM 協議会から2009年度 CRM 賞を受賞している。

　受賞理由は,「飼育繁殖技術という強みを活かして命の大切さや繁殖地の環境問題などをメッセージとした新たな動物園づくりを,経営トップ以下全員で取り組み,大改革を行った事例である。動物園に訪れる顧客に体験と感動を与え,顧客が自ら参加するという形に行動を変化させた。その結果として,入園者が伸び,リピート率も向上した。総合的 CRM システムの導入がなく, IT に頼らない形で顧客とのリレーションを形成しているこの仕組みは多くの示唆を与える」というものであった（CRM 協議会ホームページより）。

7．CI の推進とパブリシティ戦略

　CI（Corporate Identity）は,企業や組織の経営理念やビジョンを整理し簡潔に識別できるようにし,これを外部に公開することで企業・組織の存在を広く認知させるための経営手法の1つである。通常,ブランド名やロゴ,キャッチ・コピーやスローガンなどによってわかりやすく一般の人々に伝えられる。これらは,動物園の考え方や存在を一般大衆に理解してもらうためにも重要な手段

である。市民の税金により多く依存している公立動物園においては，アカウンタビリティ(説明責任)を果たす役割ももっている。

円山動物園では，「わたしの動物園」というスローガンのもとに，2009年に基本構想を作成し，これをホームページで公開するだけでなく，日常的な情報やイベントを，さまざまな形でマスメディアに積極的に情報発信している。ホームページやブログへのアクセス数は年間250万から350万件を記録していたのである。

Ⅲ. パブリシティ戦略の有効活用による須坂市動物園の活性化

1. 施設概要

須坂市動物園は，JR長野駅から私鉄ローカル線の長野電鉄に乗り換えて約20分，人口5万3,000人の須坂市の玄関口である須坂駅より徒歩30分に位置する動物園である。1962年に市営動物園として開園し今日に至っている。現在，14,203m^{2}の狭い敷地の中に44種262点の動物が飼育されている。動物の種類もありふれたもので，際立った特長をもった動物がいるわけではない。動物園の敷地内には地域の淡水に生息するミニ水族館と剥製館がこぢんまりと収められている。

スタッフは，所長1名，所長補佐1名，飼育係8名によって運営されている。動物の種類と展示数でみると，上野動物園(470種，2,600点)の約10分の1，旭山動物園(149種，750点)の3分の1弱の規模である。スタッフ数でみると旭山動物園(29名)の4分の1強の規模であり，ざっと見れば30分でまわれてしまうという小規模で，立地条件や動物の飼育数の内容からみてもきわめて限られた経営資源しか持ち合わせていない動物園である。

しかしながら，長野県下の他の動物園(飯田市立動物園，大町山岳博物館付属園，小諸市動物園，長野市茶臼山動物園，長野市城山動物園)の合計入園者数(2006年度)が，1998年比(1998年を100とする)で，83.8と減少傾向にあるのに対し，須坂市動物園は同時期に，330.7と，3倍以上に入園者が増加したのである(寺沢，

2008, 26ページ)。

　須坂市動物園もかつては他の全国の動物園と同様に入園者の減少傾向に歯止めがかからずに2003年度には6万人にまで落ち込み,閉園の危機に陥っていた。当時の動物園には動物がいなくなった檻がそのまま放置され,閑散とした園内で動物たちが寂しそうに檻の中をうろうろ歩きまわっているだけであった。その後,市当局を巻き込んださまざまな改革によって2004年以降入園者が増加し,2006年度には過去最高記録の20万人を突破したのである。閉園の危機を迎えたわずか数年後の今日では,平日でも大勢の子どもたちが目を輝かしながらスタッフの説明に聞き入っている。

2．組織目的と組織環境の見きわめ

　先にも述べたように,もともと動物園は観光・レジャー施設ではなく美術館や資料館などと同じ博物館の1つである。わが国では1951年に,社会教育法に基づき「博物館法」が制定された。博物館法によれば博物館は「歴史,芸術,民族,産業,自然科学に関する資料を収集し,保管（育成を含む）し,展示して教育的配慮の下に一般公衆の利用に供し,その教養,調査研究,レクリエーション等に資するために必要な事業を行い,あわせてこれらの資料に関する調査研究をする機関」である。市営動物園の多くが動物園を図書館などの文化施設として取り扱い,小学生を無料,もしくは特別の低料金にしているのもこのためであった。

　しかしながら,戦後の高度成長から「豊かな時代」の到来の中で,動物本来のもっているはずの「癒しやエンターテイメント性」が十分に発揮されず,他のレジャー施設と比較して動物園が楽しい場所でなくなってきた」(丸山・小林,2006,3ページ)。

　とはいえ,動物園の本来の目的が人々のレジャーを目的とするものではないとしても,入園者が極端に減少してしまえば,動物園の存在価値そのものが問われることになる。地方自治体の財政基盤が厳しい状況においては資源の最適配分がますます必要になるからである。

須坂市動物園でも同じような状況にあった。1999年，市の財政悪化という社会的状況の中で，以前から市全体でくすぶっていた「動物園不要論」が一気に噴出した。このような中で開始されたのが同動物園の改革であった。図表3-5. は，筆者の依頼によって同動物園の丸山飼育係長が整理してくれた資料をもとに作成したものである。

3．共有ビジョンの策定と実現

繰り返し述べてきたように，動物園の目的がレジャーを目的とするものではないにしても，入園者がなくなってしまえば動物園の存在それ自体の意味がなくなってしまう。動物園の本来の目的を遂行するためにも入園者を増加させ，楽しんで学んでもらうための努力が必要となる。このような社会環境の変化の中で，同動物園では2000年から若手飼育員による動物園の改革論議が開始された。しかしながら，当初は「どうしていいのかわからない混沌とした状態」であった。何をするにもまず「リスク」を考えてしまうのである。そうした中で他の動物園の広報誌やインターネットを調べて5カ年以内に須坂市動物園に導入したいもの，やりたいことをまとめた5カ年計画を作成した。その内容は「パソコンの導入」「新聞の発行」「友の会かボランティア組織の設立」「月1回のイベント」などさまざまな夢があげられていた。

夢の中で最初に取り掛かったのは，動物園内の情報を発信することであった。「檻の中」で起きていることを知ってもらい，興味をもってもらうことである。動物たちに負担をかけずに，今までにない取り組みや行動で周りに「おっ」と思ってもらうことが重要だと思ったのである。手始めに作ったのは「動物園情報誌（新聞）」であった。動物に赤ちゃんが産まれたことや，季節ごとの様子，イベント情報がそこに掲載された。他の大手の動物園の広報誌と比べると貧弱であっても，まずは「継続すること」を念頭に手書きから始められた。次に行われたのが「メールマガジン」の発行と「ホームページの作成」である。これらを契機としてメディアにも取り上げられるようになった。

「スタッフウェアの作成」は，スタッフの意識改革と動物園のPRという2つ

の意味で重要な役割を担っていた。このスタッフウェアは，スタッフ全員が自費で購入したポロシャツの背中に「SUZAKA ZOO」と入れたもので，動物の飼料集めで市内を回ったり，草刈りなどで園外に出るときに宣伝になるだけでなく，「背中に看板を背負う」ことで自覚とプライド，そして連帯感，すなわちスタッフ全員の「価値の共有」を生み出すことに有効なものであった。自分たちを「動物園スタッフ」と呼ぶようになったのもこの頃である。自分たちのものは自分たちで作るという考え方は，その後も引き継がれている。現在使用しているスタッフウェアには動物刺繍がされた小さなかわいいワッペンが胸に縫い付けられ子どもたちの人気になっている。これもスタッフの奥さんの手作りである。

　小さいながらもスタッフ自らが企画・準備・広報するイベントも始められた。人前で解説をすることは，動物の飼育・飼養，繁殖，病気予防をもっぱら行っていた従来の飼育員にとっては大きな緊張と勇気が要求されるものであった。しかしながら，スタッフによれば，従来の仕事の枠を破り，慣れない事業に取り組み始めた瞬間が須坂市動物園にとって大きな分岐点であったといわれている（丸山・小林，2006，4-5ページ）。

　この時期に開始された動物園フォーラムの開催は，園外の人々の意見を聞くための大きな契機となった。組織は往々にして閉鎖的なものになり組織員内部の価値だけに支配され自己満足をしてしまい，客観的かつ的確な判断ができなくなる。大きな改革を進めるためには，どうしても組織外の人々との交流・価値共有が必要となるのである。フォーラムの目的は市民に動物園を理解してもらうためのものであったが，これによって研究者やNPO，動物好きの市民から多くのアドバイスを受け，動物園スタッフたちにも大きな希望を与えてくれるものになった。その後，第3回からは他の動物園長の講師招聘を始め，第6回からは市も共催に加わるなど，今日まで発展的に続けられている。

　このような組織内外との価値共有努力の過程から，須坂市動物園も新たな独自性を打ち出すことの重要性に迫られてきた。その第一歩は，他の動物園の良いところの真似をして取り込むことであった。最初に取り入れたのが獣舎に貼ってある「手書き」のパネルであった。従来の動物園では，多くのパネルが動物

第3章　組織間学習による動物園改革の展開

の名前や出生地など，立派な材質に反比例してその内容は子どもたちには全く魅力ないものであった。ところが，前述の動物園フォーラムに招聘した富山市ファミリーパークで使われていたパネルは，須坂市動物園のスタッフには大きなカルチャーショックを与えることになった。そのパネルは，当時の常識と異なって「手書き」で，しかも担当者の名前入りで，担当者が自分の担当動物とのエピソードやトピック，トリビア的なことが自由に書いてあったのである。この手書きパネルは，すぐに同動物園にも取り入れられた。効果はてき面に出た。「子どものため」と連れてきている側の父親が興味深く読んでくれたのである。その他，旭山動物園や富山市ファミリーパークなど，多く動物園の真似のできるところはすぐに取り入れ，「夜の動物園」や「メリークリスマスZOO」「元旦開園」など同時にさまざまなイベントも実施した。すでに述べたように，同業者が敵対関係にある民間企業と比べ，市立動物園の場合は情報の交流や協力関係がはるかに円滑に進められるメリットがある。

　このような中で，「須坂カラー」というべき独自なサービスが提供できるようになっていった。その1つは来園者との距離が近く，来園者とスタッフの「ふれあい」が大切にされているということである。須坂市動物園では来園者とスタッフの動くところが一緒であるといわれている。来園者が気軽に声をかけても応えてくれる。声をかけられれば，仕事の手を休めても説明することもある。その1つが，子どもたちに人気の「飼育員への質問コーナー」である。このコーナーは子どもたちに動物に関する質問を大きな葉書に自由に書いてもらい設置されたポストに投函すると，翌月には「おへんじポ」のコーナーにその回答がわかりやすく書かれ，手作りのロープにつるされるというものである。この回答をみたさに子どもたちはリピーターとなり，動物への関心を一層深めていくことになる。また，飼育係だけでなく管理職を含めた全職員が「スポットガイド（動物の解説）」や「ガイドツアー」を率先して行っている。全員で行うから反省や課題も見えてくる。自分たちのやっていることや伝えたいことが理解されているという自信も生まれ，メディアにも頻繁に扱ってもらえようになった（丸山・小林、2006，6-7ページ）。

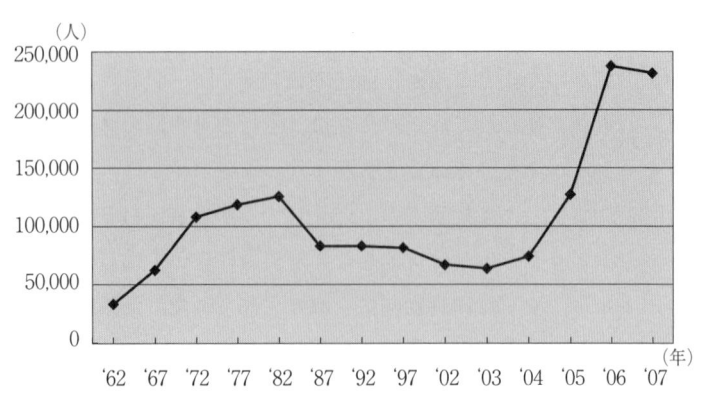

1962 年	開園
1981 年	水族館併設
1999 年	動物園不要論展開
	若手飼育員による動物園の改革5カ年計画，会議開始
2000 年	若手飼育員による「5カ年計画」の作成
	自費による「スタッフウェアー」の作成
	「手書看板」の作成
	動物園フォーラムの開催
2001 年	動物情報誌の発行
2002 年	メールマガジン・ホームページの作成
2004 年	「夜の動物園」の実施
	「ハッチ」のテレビ放映
	三木新市長の就任，「戦略的パブリシティ」活動開始
2005 年	STBによるインターネットでの動物園のライブ中継開始
2006 年	ボランティア組織「フレンZOOすざか」の組織化
	「ハッチプロジェクト」開始
2007 年	「憩いの森プロジェクト」開始
	「2007年度花王・コミュニティミュージアム・プログラム賞」受賞
	「2007年度日経地域情報化大賞」受賞

入園料大人20円，子供10円(1962年)
大人30円，子供10円(1966年)
大人50円，子供20円(1975年)
大人150円，子供50円(1981年)
大人200円，子供70円(1986年)

図表 3-5. 須坂市動物園の入園者数の推移と改革の歩み

（出所）　須坂市動物園提供資料より作成

　そのほか，手作りの「おむつ替えコーナー」の設置や，市民から寄付された多くの傘が入り口に用意され自由に使ってもらう，などといった，さりげない心配りや配慮が各所に施されている。

　閉園の危機に瀕していた須坂市動物園の地道な改革の成果が現れてきたのは，

アカカンガルーの「ハッチ」が全国放送でテレビ出演をして以後のことである。たまたま取材にきていたテレビ局スタッフに「ハッチ」が麻袋に乾草を入れたサンドバッグを誇らしげに抱きついたり，キックするのが目にとまり放映されることになったのである。しかしながら，サンドバッグをキックしたり抱きついたりする仕草は，オスのカンガルーがもともともっている闘争本能であり，芸を仕込んだものではなかった。動物たちの生の生態そのものがすでに人間にとっては驚きや感動，癒しを本来的にもっているものである。とはいえ，テレビ放映を契機に，爆発的な反響がおこり，遠い北海道からもハッチをみるために来園したという入場者も現れるなど，須坂市動物園は全国的に知られるようになった。地道な改革が進められていたのにかかわらず，それまで減少し続けていた入園者数も，ハッチのテレビ放映が行われた2004年にはわずかながら増加に転じたのである。

とはいえ，テレビに代表されるマスメディでの人気は一過性のものになりがちである。一時的には爆発的な注目を浴びてもブームが終わればその多くはあっという間に「もとのもくあみ」になってしまう。須坂市動物園もこのことを十分承知していた。すなわち同園の改革は，ここで完結したのではなく，ここから本格的に進められていったのである。

4．パブリシティ戦略の推進

市立動物園の事業主体は市であり，動物園の改革には市のバックアップが不可欠である。しかしながら，人口規模も財政規模も他の動物園と比べてはるかに小規模の須坂市では旭山動物園のような施設更新への大規模な設備投資は不可能であった。この頃，長野県庁の部長職にあった三木正夫市長と井上忠恵副市長が須坂市役所に入っていたが，この2人が採った改革が「金をかけずに知恵を使う」という考え方に基づくまちおこしであった。パブリシティ戦略がそれを象徴するものであった。この戦略は，報道機関，出版社などのマスメディアに次々と情報を提供し，新聞，雑誌，テレビで報道してもらうことで動物園をアピールし，入園者を増加させようというものであった。この戦略は，ファ

クシミリやE-メールを使って行えるために広報誌や広告と比べてきわめて低コストで，情報伝達力が高く速報性もある。しかしながら，報道するかどうかの決定権はメディア側がもっている。したがって，いかにしてマスメディアに取り上げてもらうかが大きな課題になる。

このような課題に対して須坂市と動物園側が採った最初の戦術は，「相手の迷惑を顧みず，遠慮なく」プレス・リリースを行い続けるというものであった。実際に須坂市から報道機関に向けられるファクシミリの分量と頻度は長野県下19市の中で群を抜いて高かった。しかしながらマンネリ化した情報ではメディアは取り扱ってくれなかった。このような中，「動物園のスターを育てる」，新しい企画やイベントに「ネーミングを工夫する」などのストーリー性をもたせる戦術が必要であることを学んでいった。このため須坂市では，市役所の各課に広報担当者を設けたほか，市民からも「まちかどレポーター」を募集した。マスメディアの関係者との信頼関係を深めることも兼ねて，広報のノウハウを学習するためにマスメディアの関係者を招聘して広報担当者が研修を行った（小柴，2007，3-4ページ）。これらのノウハウを生かして展開されたのが2006年3月から開始された「ハッチのHappy Weddingプロジェクト」であった。

このプロジェクトは，アカカンガルーのハッチに結婚相手をみつけて結婚させようというものであった。しかしながら，ハッチの結婚相手をみつけるというこのプロジェクトは，単なる話題づくりのイベントではなかった。というのは，現在の動物園の動物が野生から連れてこられることはほとんどなく，国内外のネットワークを通じて繁殖事業を行っており，動物園間の譲渡や交換，貸し出しは，継続的な動物園運営や「種の保存」という大きな目的のため動物園にとって本来的に重要な業務であったのである（丸山・小林，2006，1ページ）。

このプロジェクトのため，動物園では動物園のネットワークやインターネットを使って全国の動物園のカンガルーの飼育状況を調べ，メスのカンガルーを無償で譲渡してくれる動物園を探していた。その結果として，神戸市立王子動物園が検討してくれることになったため，5月には市長自らが正式な依頼を兼ねて王子動物園を訪問した。この訪問には県内のマスコミ各社にも同行させ，

この様子を取材させた。ハッチの結婚相手が到着したのは6月11日のことであった。

ハッチの結婚相手が到着したということで，マスコミの取材も過熱をきわめる中，結婚相手のカンガルーがパニックにならないよう，舎内に衝突防御用マットを設置したり，いきなりハッチと一緒にしないなどのさまざまな配慮がなされたのである。

結婚相手のカンガルーの名前も「クララ」と決まり，7月1日に「ハッチ」と「クララ」の結婚式が行われた。多くの市民やマスコミの期待の下で，どのようなものにするかが皆で話し合われた。その結果として，動物に負担をかけずに，手作り感のある暖かい雰囲気のものとすることが決定された。さまざまなアイデアが出された結果，最終的にはハッチとクララの代役で飼育員がカンガルーの手作りのかぶり物を着用するとともに，2頭のライブ映像をプロジェクターに映し出し，野菜のウエディングケーキを食べてもらう形で執り行われた。

会場になった動物園には，1,100名の入園者が駆けつけ，テレビカメラが何台も並び，報道各社によって結婚式の様子が全国に伝えられた。生中継したテレビ局もあった。翌日のヤフージャパンのトップページにも記事が紹介された。しかしながら，これに対し，市は特別の予算措置を行ったわけではない。結婚式の会場の飾りつけやウエディングケーキも動物園スタッフの手作りであり，かかった経費の最大のものはクララを譲渡してくれた王子動物園長の交通費だけであったといわれている（小柴，2007，2ページ）。

ハッチの「Happy Weddingプロジェクト」は見事に成功した。ハッチの結婚式が行われた2006年10月には，1962年の動物園開園以来，過去最高の年間入園者147,359人を突破したのである。ハッチを中心としたパブリシティ戦略はこれで完結したわけではなかった。同年7月にはクララに待望の赤ちゃんが生まれた。ところが，これはハッチの子ではなくクララの連れ子であることがわかり民放のワイドショーでも大きく取り上げられた。

また，2007年には，ハッチとクララが日本愛妻家協会から動物では第1号の愛妻家に認定，同年4月には第2子出産，全国に名前を募集したところ

2,479件の応募があり,「キララ」と命名された。これらの事柄は次々とマスメディアに取り上げられ,11月には写真本『カンガルー・ハッチのおやじな毎日』(PHP研究所)も刊行され,ハッチはグラビア・アイドルになった。

5．外部資源の有効活用

　繰り返し述べてきたように,財政規模が小さく資源が限定されている組織においては,限られた資源を如何に適正に配分していくかが最も重要な課題の1つである。ハッチプロジェクトと同様に,同市で行ったデジタルアニマルパークの運営もこのような課題に応えるものであった。

　2005年に開始されたデジタルアニマルパークは,24時間インターネットで園内の動物の生態がライブカメラでみることができる加入者限定サービスである。全国約260万世帯に配信され,アクセス数は月平均9万6,500となっている。動物園内にWebカメラを17台(2007年には24台に増加)置き,24時間12種類の動物のライブ映像やさまざまな動物の生態を解説する「動物園だより(動画)」をみることができる。この試みは,民間プロバイダーの「アットネットホーム社(東京)」,地元のケーブルテレビ局「須高ケーブルテレビ」と須坂市の3者による全国初の共同事業であった。この企画は東京での計画発表を行ったことで多くのメディアの関心を集め,全国に須坂市動物園の存在をアピールすることに役立った。当初は「入園者が減少してしまうのではないか」との不安もあった。しかしながら,この試みは,ハッチがサンドバッグを叩いている様子や夜の寝室で寝ている様子などがリアルタイムでみることができることで,須坂市動物園の動物たちをアピールするために大きな役割を果たすことになった。

　この施設の設置と運営については須高ケーブルテレビとアットネットホーム社が光ケーブルや24台のカメラなどの設備,ネット料金をすべて負担してくれるもので,市の負担は一切ない。須高ケーブルテレビの試算によれば,これによって約1億3,600万円の広告宣伝効果が見込まれるとのことである(寺沢,2008,29ページ)。「金をかけずに知恵を出す」改革はここにおいても徹底されていたのである。

また，市内の企業やNPO「NEXT須坂」などと連携し，動物園を盛り上げていこうというハッチプロジェクトの一環として，ぬいぐるみと菓子のセット，「ハッチコブクロ」を考案し，動物園や市内で販売されている。動物園のスタッフ手作りの説明カードを添え，各種のイベント開催とリンクしてバリエーションを増やし，ハッチの生活ぶりや動物園への関心を市民に深めてもらう効果を担ってきた。

 すでに40種以上のハッチグッズが商店街や市内外の企業から製品化され売り出されている。また，同市にある民間スキー場ではオリジナルキャラクターを作製し「ハッチとクララのスキー場」としてPRを進めている。しかしながら，園内で売り出されている製品の一部（15%の手数料）以外は，ロイヤルティを徴収せずに民間企業に開放されている。その理由は，本来，市営動物園は利潤追求を目的としない公的組織であるというだけでなく，それらの製品が動物園の話題性をさらに高めてくれるという理由からである。

6．人的資源の有効活用

 市営動物園のような公的施設においても，民間企業の場合と同様に，他の組織に対する競争優位を生み出し，高付加価値の独自な商品やサービスを生み出すために最も重要な資源が組織の人的資源であることに変わりはない。なぜなら他の組織に対する独自な商品やサービスは，人々の知的資源，すなわち共有化された人々の知恵と努力の中からのみ創出することができるからである。したがって，組織内外の人的資源とりわけ知的資源を有効に活かすための施策がここでも不可欠となる。

 須坂市では，すでにこのような人的資源の重要性を認識し，若手の市職員を募り，長野県下最大のシンクタンクの1つである（財）長野経済研究所に，毎年1年間（希望があれば2年間）出向させ，研修を行ってきた。市は動物園においても，人的資源の重要性を考慮して，それまで3年間限定であった動物園勤務期限を5年間に延長し，専門性を高めるための措置を行った。また，マスコミ対応やフォーラムの企画・運営についてもできる限り現場の飼育員を前面に出

すよう配慮されている。

　2006年に開始されたボランティア組織「フレンZOOすざか」の活動も須坂市営動物園を支える大きな力になっている。この組織は，市内外の高校生や定年退職者など多様な人々によって構成されている約30名で運営されている。イベントの手伝いや企画，動物ふれあい体験のサポート，看板製作や園内の整備作業などさまざまな活動をサポートしている。園内にある2階建てのログハウスの立派な休憩室兼資料室や，薬草園の整備など多くの施設もフレンZOOすざかのメンバーの手作りによって建設されたものである。

7．評価と改善活動

　前節で述べたように，組織の環境適応戦略は，企業の環境適応戦略の場合と同じように1つのチャレンジが成功したとしてもそこで完結するわけではない。公的組織の場合でも民間企業と同じように組織環境が常に変化し続けており，これらのプロセスを分かりやすくしかも公正に評価・検証し，改善し，次のステップに活かされていくという，いわゆるPlan-Do-See（マネジメント・サイクル）の活動が不可欠とされるのである。国民・市民の税金によって運営される公的組織の場合にもこれらの問題は不可避な課題である。

　須坂市では，長野経済研究所に出向している市職員が中心となって詳細なアンケート調査を実施し，それらを動物園の運営方法の改善に役立たせてきた。2007年10月に，来園者200名を対象に実施された調査では，来園者の「住所・年齢」「性別・既婚・未婚」などを問う調査内容のほか「どこで須坂市動物園を知ったか」「来園回数」「誰と来園したか」「来園の目的」「楽しめたかどうか」「楽しめた理由」「楽しめなかった理由」「動物園にあると楽しい，便利，快適になると思うもの」など16項目にわたって調査された。また，同時に行われたWebによる調査（サンプル数1,673）でも，「須坂市動物園を知っているか」「行ったことがあるか」「誰と行ったか」「どこで須坂市動物園を知ったか」「楽しめたかどうか」「楽しめた理由」「楽しめなかった理由」「須坂市動物園が取り組んで欲しいイベントは何か」「観光・レジャーとして動物園を選択する理由は何か」

など，30項目以上の調査が詳細に行われていた。これらの調査結果は，他の動物園で実施されているさまざまな試みの研究と併せて検討され，須坂市動物園の運営に次々と反映されていった。同動物園では，すでに述べた試み以外にも，「元旦開園」「スポットガイド」「動物ふれあいコーナーの設置」「休憩室の新設」「クリーントイレの設置」など，さまざまなイベントや改革が行われてきたけれども，その多くは，動物園運営についての評価・検証・改善努力が，動物園スタッフを中心とする現場の人々によって日常的に行われてきた結果であった。

このような取り組みが評価され，同動物園は，2007年には「信州ブランドアワーズ2007特別賞」「日経地域情報化大賞」を受賞したほか，フレンZOOすざかが「花王・コミュニティミュージアム・プログラム賞」を受賞し，助成金を受けている。

IV. 横浜ズーラシアと横浜野毛山動物園の住み分け戦略

1. 生態展示を中心とした近代的施設としてのズーラシア

ポーターがいうように，企業がとるべき基本戦略は，① 低コスト・リーダーシップ戦略，② 差別化戦略，③ 集中化戦略の3つが重要である。とりわけ，競合する施設が近隣にある場合にはそれぞれの施設はそれぞれの3つの戦略を効果的にミックスしていくまったく異なった戦略が要求されてくる。さもなければ互いの施設で顧客を取り合いになるだけでなく入園者に飽きられてしまうことによって共倒れになってしまう。これを防止するためには，競合施設と共生していくための住み分け戦略が要求される。この点は，企業だけでなく動物園についても同様なことがいえよう。ここでは，横浜市の動物園の事例からみてみよう。

横浜市は，市内に市立よこはま動物園(以下，ズーラシアと呼ぶ)，市立野毛山動物園(以下，野毛山動物園と呼ぶ)，そして市立金沢動物園の3つの施設ももっている。いずれの動物園も財団法人横浜市緑の協会が指定管理業者として運営を行ってきた。このうち野毛山動物園は無料の施設である。ここでは，ズー

ラシアと野毛山動物園の住み分け戦略についてみてみよう。

　ズーラシアは，1999年に開園した新しい動物園である。生態展示に関しては，日本でトップの動物園を目指して多額の資金が投入されて建設された。元々は野毛山動物園の動物のほとんどをズーラシアへ移動する予定であったが市民の要望で野毛山動物園は存続が決まったという経緯がある。総面積は40.2ヘクタールで展示動物数は87種，593で104名のスタッフ（事務：37名，動物関係：67名）のほかパート7名によって運営されてきた。入園料は，600円である。

　2003年には，アフリカの熱帯雨林ゾーンの一部がオープンし，2004年には多目的休憩施設「ころこロッジ」，2006年には自然体験林「わんぱくの森」，2007年には「アカカワイノシシ舎」と「ぱかぱか広場」がオープンした。2009年に「チンパンジー舎」がオープン，「アフリカの熱帯雨林」ゾーンがほぼ完成し，さらに「アフリカサバンナゾーン（仮称）」を建設中である（2008年度）。

　相鉄線鶴ヶ峰駅からおよそ20分おきに民間バスが運行されているほか，横浜駅西口からも相鉄バスが運行されている。動物園の正門前には巨大なバスターミナルも設置されている。エントランスは，民間の大手のテーマパークのような立派なものである。

　動物園全体がその地域（熱帯の森，亜熱帯の森など）の植物やモニュメントで覆われた静かな公園になっている。通路もアンツーカー風に整備され，塵一つ見当たらないように清潔に保たれている。

　園内には，インドゾウ，インドライオン，アムールヒョウ，アカカンガルー，チンパンジー，フンボルトペンギンなどの子どもたちに人気の動物のほか，コウノトリやマナヅルなど多くの動物が広びろとした飼育施設の中でのんびりと過ごしている。それぞれの檻の中も人工的に作られた岩肌があしらわれており，入園者たちはあたかも動物たちの生息地に行ったような気分に浸ることができるよう工夫されている。園内の通路もゆったりとしたスロープのアンツーカーで作られており，ベビーカーや車椅子での通行にも便利な形に工夫されている。園内の各施設では，動物たちをバックに記念撮影をする母親と子ども，疲れた表情の多くの父親，そしてカップルたちの姿を各所にみることができる。また，

サファリルックの女性スタッフたちによる記念写真コーナーなど，入園者たちを喜ばすさまざまな工夫も行われている。

休憩コーナーは清潔でゆったりと作られている。園内のインフォメーションや案内板も丁寧にきめ細かく配備されている。

2．入園者とのふれあい・親しみやすさを重視した野毛山動物園

一方の野毛山動物園は，1951年に都市型遊園地（JR根岸線下車徒歩15分）として開園した。3.3ヘクタールという狭い敷地内にズーラシアよりはるかに多い96種，1,218点が飼育されている。スタッフ数もズーラシアの3分の1の36名（事務：5名，動物関係：29名）のほか工事・設備2名によって運営されている。同施設は，「誰もが気軽に訪れ，憩い，癒される動物園，小さな子供が初めて動物に出会い，ふれあい，命を感じる動物園」（野毛山動物園ホームページより）をコンセプトとして，2010年度の年間入園者数が60万人を突破するなど，多くの子どもたちの人気スポットとなっている。

園内には，チンパンジー，ライオン，アムールトラ，アミメキリンなどの大型動物のほか，フタコブラクダやレッサーパンダなどの人気動物，多くの珍しい鳥たちが自由に飛び回ることのできるフライングゲージや爬虫類館，ネズミなどとふれあうことができるふれあいコーナーが所狭しと設置されている。

ズーラシアがハードを重視した動物園であるのに対して野毛山動物園は入園者とのふれあい，親しみやすさを重視した施設づくりと運営を至るところにみることができる。通路は，狭いながらも至るところに喫煙コーナーや休憩用のベンチがそれとなく配置されている。動物園の出口には，廃車になった路面電車が再利用されたアンケートコーナーも設置され，入園者たちの声も積極的に園の運営に反映していこうという試みも行われている。

また，園内の1カ所には，動物の生態や形態などをわかりやすく説明したネームプレートが配置されているほか，実際に耳で聞いたり，手で触ってみることによって動物の不思議について体験することのできるアニマルボックスが配置されている。

ふれあいコーナーは子どもたちの一番の人気コーナーである。広びろとしたテント張りのふれあいコーナーではネズミたちを抱き上げ，頭をなでている子どもたちでごった返している。フレンドリーな飼育員も野毛山動物園の特徴の1つである。動物の檻にはそれぞれが担当している動物の名前が書かれた飼育員の顔のイラストが掲げられており，気軽に子どもたちの質問に答えている。動物病院ガイドツアーや野毛山クリスマスなどさまざまなイベントも日常的に行われている。

　外部組織との協働の試みも積極的に行われてきた。毎月第2土曜日の午後を中心に，動物ガイドやクイズを通して野毛山動物園の魅力を来園者に紹介しているボランティアや動物園友の会，あるいは特定の動物を支援するためのアニマルペアレント制度など，外部組織や地域の人々と連携した試みも積極的になされてきた。

　ズーラシアと比較して施設自体が狭く，入園者も多いことで動物たちには多くのストレスがかかっていることが予想される。しかしながら，世界最長寿の記録をもつフタコブラクダ(2012年2月：36歳)が飼育されているだけでなく，子どもたちが集まるとうれしそうに羽を開いてくれるなど，動物たちの表情も明るく活き活きとしていたのが印象的であった。

V．併設施設とのシナジー効果による生き残り戦略

　企業や組織が有するそれぞれの経営資源の相乗効果を活かすことによって低コスト，高効率の事業展開を行おうという方法の1つにシナジー(synergy)効果を活かした経営戦略がある。このような戦略は，財政基盤が厳しい状況に置かれている公立動物園においても有効な戦略となる。ここでは，沖縄こども未来ゾーン(以下，沖縄こども動物園と呼ぶ)と小諸市動物園の事例を取り上げてみてみよう。

第3章　組織間学習による動物園改革の展開

1．沖縄こども未来ゾーンの差別化戦略

　沖縄こども動物園は，日本最南端の動物園の沖縄県沖縄市にある市立動物園である。管理者は沖縄県福祉保健部青少年児童家庭課である。総面積は209,306.20m^2，飼育動物数が150種993点で25名のスタッフによって運営されている（平成20年度）。園内には，トラ，ライオン，キリン，インドゾウ，ワニ，カバなど，こどもたちに人気の大型動物のほか，多数の鳥類や爬虫類が飼育されている本格的な動物園である。敷地内には，エレベーター付きの展望台が設置され，施設内の動物たちが上から見下ろせる施設などもあり，沖縄を代表する動物園である。しかしながら，比較的近くの名護市には民間の動物園であるネオ・パーク　オキナワがあり，何らかの差別化戦略が必要とされていた。

　ネオ・パーク　オキナワは，民間の名護自然動植物公園株式会社の施設である。敷地面積が251,490m^2，展示動物は105種，1,345点でスタッフ数は27名（パートを含む）となっており，沖縄こども動物園とほぼ同規模の動物園である。ネオ・パーク　オキナワは，沖縄こども動物園のような大型動物こそ飼育されていないものの，入園者の立場に立ったきめ細かい工夫が各所に施されている。エントランスには，入園者の物まねをしてくれる2羽のオウムが正面に配置され，入園者を迎えてくれる。生態展示の「フラミンゴの湖」は裏山の地形を活かした斜面と湖を利用した巨大なフライング・ゲージとなっており，多くの鳥たちが混合展示されている。アマゾンのジャングル館では，全長2mのピラルクなどのアマゾンの魚たちを水中トンネルの中から見学することができるよう工夫されている。また，園内にはヤンバルクイナなどの稀少動物を繁殖させるための研究施設（有料）も併設されている。小さいながらもカピバラや犬に直接触れることのできるふれあい牧場や，乗馬コーナーも子どもたちに人気のスポットとなっている。地域文化の発信も積極的に行われている。かつて沖縄で活躍していた沖縄軽便鉄道の縮小モデルや当時の資料を展示すると同時に，沖縄軽便鉄道のモデルを複製した小型の軽便鉄道によって園内を周遊することもできる工夫がなされている。園内全体も各所に，自由にくつろぐことができる大型ソファや喫煙コーナー，さらには岩場を利用して直射日光を遮ることのできる休

憩施設が施されており，動物の匂いがほとんど感じられないほど清潔に保たれた広々とした緑と水辺をのんびりと散策できるような工夫がなされている。子どもたちにも分かりやすい手書きの案内板や看板もフレンドリーな雰囲気を与えてくれている。

園内のスタッフも入園者に気がるに声をかけてくれたり，入館料の釣銭とともに飴玉をそえてくれるなど，民間企業ならではの配慮も人気の的となっていた。また，動物たちの健康を維持するための検査機器の無償譲渡を入園者たちに訴える看板も設置され，限られた予算内で管理・運営を行っていこうという民間企業ならではの自助努力も垣間見ることができる動物園である。

このようなネオパークに対して，沖縄こども動物園は，観光客が多数を占める沖縄の施設であることを考慮することで沖縄の暮らしエリアを設置するなど，ネオパークと同様に沖縄文化の発信を行うとともに，ネオパークとは異なった差別化戦略を行った。それを象徴するものが子どもたちにターゲットを絞ったさまざまな施設の併設である。園内にはワンダー・ミュージアムや，敷地内の湖を活用した釣り堀，ボート乗り場，広びろとした野外ステージ，広びろとした乗馬コーナーや遊具施設，などが設置され，多くの子どもたちの人気のスポットとなっている。とりわけ人気の施設はワンダー・ミュージアムである。同施設(有料)は2004年に，こども動物園と融合して参加型教育施設としての沖縄こども未来ゾーンとしてリニューアルされたもので，最先端の科学技術を駆使した数台のロボットが音楽にあわせてダンスをする施設や言葉が文字になって水槽に泳ぐ施設など，若くて親切な女性スタッフの案内でさまざまな不思議体験をすることができるよう工夫されている。これらの施設の併設によるシナジー効果によって沖縄こども動物園は顧客吸引力を大幅に高めることができた。すでに述べたように(図表3-1.参照)，同施設は1999年度から2008年度の間に旭山動物園，須坂市動物園に次いで第3位，実数では221,942人から368,805人(有料・無料入園者の合計)と，大幅に入園者数を増加させることができたのである。長野県の小諸市動物園も同様な戦略によって入園者を確保してきた動物園である。

2．懐古園に併設された小諸市動物園

　小諸市動物園は，1926年に開園した伝統のある動物園である。とはいえ，人口4万5,000人に満たない小さな町の小規模の動物園であり，動物園だけでは入園者を呼び込むことが難しい状況にあった。とりわけ長野市茶臼山動物園や須坂市動物園など，5つのJAZA加盟の動物園がある長野県では，他の地域から入園者を呼び込むことも困難な状況である。そのため同施設では全国的にも知られている小諸懐古園と併設することで多くの入園者数を確保している。

　懐古園は，小諸城址の中に残る「三の門」や苔むした400年前に築かれた野面石積の石垣，樹齢500年といわれるケヤキの大樹の中にあり，四季折々の風情が楽しめる公園である。園内には，明治の文豪・島崎藤村の小諸時代を紹介する藤村記念館や，若山牧水，高浜虚子，臼田亜浪などの多くの史跡も残されており，全国の歴史ファンには必見の場所である。園内には近くにはあまりない，子ども用の遊具施設も整備され，散策ルートとしては最高の施設となっている。

　数匹のニホンザルの保護から始まった小諸動物園は，ライオンやツキノワグマなど，動物の種類はそれほど多く飼育されているわけではない。しかしながら山の斜面をうまく生かした散策路が設置されているほか，子どもたちが楽しめるクイズ方式の手書き看板なども工夫されており，子どもからお年寄りまでのんびりと楽しむことができる施設となっている。最近では，ベニコンゴウインコ，ホンドテン，フェロット，ダマシカなど県内の動物園にはいない珍しい動物も飼育されている。

　小諸動物園は，このような懐古園との併設によって，小諸市の人口(44,000人) 5倍の250,580人(2008年度)の入園者数を記録し，全国で第6位(5.70)という高い顧客吸引力を維持してきたのである。

Ⅵ．市民の憩いの場をめざす都市型動物園

　地方の比較的小規模の施設から展開した動物園の改革の波は，立地条件など比較的有利な環境条件にある都市型動物園にも及んでいる。大阪市天王子動植

物公園，仙台市八木山動物公園，名古屋市東山動物園，福岡市動物園，おびひろ動物園などの都市型の施設の多くは，都会の中の市民の憩いの場としての動物園を目指すべくさまざまな工夫がなされるようになってきた。

　大阪市天王寺動植物公園は日本で3番目に作られた伝統のある動物園で年間190万人の入園者数を誇る動物園であり，緑がほとんどみられない大都市大阪の繁華街の中心に位置している。そのため同施設では，単に動物園としての機能だけでなく，市民の「憩いの場所」としての園づくりがなされている。アフリカゾーンやアジアの熱帯雨林の生態展示は同施設の自慢の施設となっている。多くの施設の生態展示施設が動物たちの生息環境を似せた景観をコンクリートやプラスチックなどの人工物を使って再現しているものが多いのに対して，ここでは，動物たちが暮らしている本物の植物が植えられている森がそのまま再現された素晴らしいものとなっている。

　たこ焼きやラーメンなどの飲食も低料金で気軽に利用できる休憩所，園内各所に設置されているトイレやベンチ，ドラム缶に赤いペンキを塗っただけの灰皿が置かれている喫煙所コーナーなど，入園者の憩いの場所となるよう癒してくれるための大阪らしい庶民的な工夫もきめ細かく施されている。

　乳児用のバギー・ベビーカー，多数の車椅子が準備されているほか，羊たちへの餌やりコーナーや動物たちの解説のためのスピーカー(30円)や，子どもたちが乗って遊ぶことのできる動物たちのモニュメントなど，子どもづれの入園者には人気のスポットとなっている。その他，水中と陸上が同時にみることができる展示施設や，ゾウのフンを再利用して作った肥料が販売されているなど，都市型動物園ならではの工夫もなされている。

　仙台市八木山動物公園は，仙台市街からバスで25分の小高い山の上にある動物園である。天王寺動植物公園と同様に，同施設も市民が親しめるさまざまな工夫がほどこされている。市街地を見下ろせる緑豊かな自然の山の広場には屋根つきの長大なベンチが設置されているほか，売店や軽食コーナーなども設けられ多くの子どもたちが学校単位で写生などの課外授業を行えるよう配慮がなされている。立派な松林の広場内には各所に小さなベンチも配置され，老人

やカップルたちの憩いの場としても利用されている。

　動物たちの展示方法も多くの工夫がなされている。入り口正面の広場には水生鳥類が混合飼育された展示があり，入園者たちを迎えてくれる。生態展示されているホッキョクグマの展示施設は，水中と陸上の様子を一目でみることができる。手書きの親しみやすい看板やユニークな注意書きが書かれている看板が至るところに設置され，入園者たちを和ませてくれている。最大の人気コーナーは「メアリーのおやつコーナー」である。このコーナーはゾウの体の大きさや鼻の器用さを子どもたちに体験してもらうよう設置された餌やりコーナーである。100円で購入した餌を飼育員の助けを借りて長い竿の先につけて食べさせるこの施設は常に長蛇の行列ができ，休日には30分から1時間待ちという人気スポットとなっている。

　もう1つの人気コーナーは「人間の檻」である。このコーナーには，「ヒトとは……道具を使い，高い知能を持った高等な動物である。しかし，その知能と道具を使い，他の動物たちを危険な目にあわせることもある」と書かれたユニークな看板が設置され，記念撮影の人気スポットとなっている。

　また園内には，中学生によって描かれた壁画を背景にした鳥の展示施設があり，その脇には壁画を描いてくれた生徒たち80名と，指導にあたった先生たち全員の氏名が掲げられた看板が立てられている。

　名古屋市東山動物園は1937年に開園した伝統のある施設である。2005年から2009年の間には旭山に次いで第3位の入園者数であったが，2010年には上野動物園に次いで国内第2位（218万人）となっている。大都市名古屋を象徴する豊富な動物（550種，15,690点）が飼育され，植物園も併設されている日本有数の動物園である。同施設は市民が気軽に訪れることのできる憩いの場としてきめ細かな配慮がなされている。

　小高い山の斜面と湖を活用して作られた施設内には庶民的な休憩コーナーや食堂も配置されている。遊園地内のモノレールと湖のボートは子どもたちの人気スポットとなっている。高齢者や身障者のためのスロープが園内すべてに施されているほか，急斜面には立派なエスカレーターが設置されている。

図表 3-6. 田んぼ内の貴重な水生動物の生態を放映しているモニター
（出所）　筆者撮影

　同施設の人気コーナーは世界のメダカ館である。この施設には200種のメダカが170個の水槽に展示されている。世界一といわれる展示されているメダカの数だけでなく、展示方法も工夫が行き届いている。水草や石ころなどをあしらったメダカが生息する里山の田んぼがそのまま再現され、水中と陸上、さらには上からも見下ろすことができるよう工夫されている。その他、館内には実体顕微鏡によってメダカの卵や骨格などを観察できるコーナーや、田んぼ内のさまざまな水生動物の生態をみることができるモニターが設置され、学習の場としての機能も兼ね備えている。
　福岡市動物園は、地下鉄の七隈線薬院大通駅から徒歩15分という都市型動物園である。同施設は山の斜面を効果的に利用して作られている施設であり、敷地内には、キリンやゾウ、ライオン、ゴリラなど子どもたちに人気の動物たちのほとんどが飼育されている。
　展示方法も各所に工夫がなされている。絶滅危惧種に指定されているシセンレッサーパンダの展示施設はオープンゲージになっており、手を伸ばせばとど

第3章　組織間学習による動物園改革の展開

図表 3-7. 里山の田んぼが再現されている展示コーナー
（出所）　筆者撮影

きそうな距離で動物たちをみることができるため，動物たちとのふれ合いコーナーと並んで子どもたちの人気スポットとなっている。ペンギンの飼育水槽も小さいながらも水中で泳ぐ姿を間近にみることができるよう工夫されている。

園内には，「豆汽車」やメリーゴーランドなどの懐かしい遊具が設置されているほか，広々とした休憩施設や授乳コーナーも完備され，幼稚園児や小学生でごった返している。動物科学館も併設されているほか，バックヤード・ツアーや飼育体験講座などのイベントも年間を通じて行われ，子どもたちの学習の場としての役割も果たしている。

おびひろ動物園も小さいながらも都市型動物園として市民に親しまれている。帯広駅からバスで20分足らずの，市街地のほぼ中心に広大な美しい緑の公園に併設されているおびひろ動物園も一般市民が歩いて散策できる市民の憩いの場となっている。

同施設は教育委員会が単独で管轄する国内では貴重な施設であり，地元企業や高校生ボランティアなどの積極的な協力によって運営されている。1973年

には25万人弱の入園者が記録されたが，97年，98年には11万人まで落ち込んでいた入園者数はその後の改革の努力によって2009年10月には20年ぶりに15万人を突破した。この15万人という数値は，顧客吸引率（年間入園者数÷所有地人口）でみると民間を除いた公立動物園66園中22位，北海道では旭山動物園に次いで2番目の数値となっていたのである。

　園内には，ホッキョクグマ，キリン，ゾウ，シマウマなどの大型動物のほかエゾモモンガやアザラシなど，展示動物も豊富で見ごたえがある。かわいい手書き看板や，クイズ方式のウォークラリー，動物のフットステップによるクイズ，ふれいあいコーナー，インコの野外飼育，小型鳥類が入館者の上を自由に飛び回るフライングケージ「どんぐりのいえ」など，派手ではないが，きめ細かい工夫が至るところに施されている。同施設には，植村直己記念館が併設されているほか，豆電車や園内を周回しているゴーカートやキッズランドなど，子どもたちが楽しめる手軽な遊具も人気の的となっている。子どもづれが来るとどこからともなく説明に駆けよってきてくれるボランティアスタッフや飼育員によるユニークなブログの発信なども動物園の人気を支えてきた要因の1つであろう。

Ⅶ．民間大型テーマパークの南紀白浜アドベンチャーワールド

　すでに述べたように，民間企業と公的組織の大きな違いの1つは，組織目的の違いにある。民間企業の組織目的は，適正利潤の獲得にあるのに対して，公的組織の組織目的は公共サービスの提供である。しかしながら，公的組織はさまざまな種類があり，民間企業のように一元的なものではない。住民の健康の維持と病気治療を組織目的とする病院や，青少年の健全でかつ知的な人間教育を目的とする学校など，事業内容によってそれぞれ全く異なった組織目的をもっている。したがって民間企業の組織目的である利潤追求の方法と効率の論理をそのまま公的組織に適用することは不可能である。それぞれの公的組織は，それぞれの組織目的にそった戦略が展開されなければならない。とはいえ，こ

第3章　組織間学習による動物園改革の展開

れらの違いはあくまで相対的なものであり、絶対的なものではない。民間企業であっても国民の安全を無視した利潤追求が許されないのと同様に、財政状態を全く無視した公的組織の運営も存立することができないのである。ここでは、民間施設の試みを取り上げ、紹介してみることにする。

　アドベンチャー・ワールドは、パンダをみることができる動物園として人気の大規模レジャーランドとしての民間動物園である。経営者は株式会社アワーズである。総面積1,000,000m²という広大な敷地の中に143種、1,439点の動物たちが、216名のスタッフによって飼育・管理されている。和歌山県の南紀白浜という中心部から離れた場所にもかかわらず、2008年度の入場者数は952,300人を数えている。

　同施設は「ひとと動物と自然とのふれあい」をテーマに、動物園・水族館・遊園地の3つを併せ持つ全国でも珍しいテーマパークである。エントランス近くは巨大なショッピング・モールになっており、さまざまなグッズ・ショップやレストランが配置されている。入園者が最初に迎えてくれるのはショッピング・モール内に放し飼い状態のペンギンたちである。

　園内にはジャイアントパンダの飼育施設、広大な施設にライオンやシマウマなどが混合展示されているサファリワールド、ホッキョクグマやアザラシなどが生態展示されている海獣館のほか、巨大で豊富な遊具が併設されている。

　この施設のジャイアントパンダは、中国パンダ繁育センターとの協力によって行われている繁殖事業である。この施設では、すでに中国国内を除くと、8頭（中国国内を除くと世界一）のパンダが飼育されている。

　サファリワールドは、生態展示された放し飼いされたエリアを列車型バスの「ケニア号」やジープに乗って周遊するもので、アフリカの平原を疑似体験することができるよう工夫されている。

　水族館施設には、さまざまな種類のペンギン約300匹が飼育・繁殖されている。とりわけエンペラー・ペンギンの孵化に成功したのはアメリカのサンディエゴ水族館とここだけであるとされている。

　園内には2年制の動物学院（野生動物管理科）が設置され、基礎獣医学、動物

園学,生物学などの専門知識のほか,英会話やビジネスマナー,コンピュータ,ズー・マネジメント,接遇話法などの授業を受けると同時に飼育員から直接実習を受けることができる。

また,園内ではさまざまなアトラクションが毎日行われているほか,ふれあいゾーンでは,ラクダやポニーに乗れるコーナーなど,直接に動物に触れたりできる餌やりコーナーなども充実している。

園内のスタッフも,写真撮影を行ってくれるスタッフや,施設と一体化した服装で特殊なシャワーノズルと特殊なブラシで清掃を行うスタッフなど,入園者へのホスピタリティが徹底して追求されている。

本章では,組織間学習を通じて日本各地の動物園で展開されていった動物園改革の動向を取り上げ紹介した。次章では水生動物を専門的に飼育・展示する動物園である水族館の動向について紹介してみよう。

引用・参考文献

Porter, M. E., *The Competitive Advantage of Nations*. 1990.(土岐坤・中辻萬治・小野寺武夫・戸成富美子訳(1992)『国の競争優位(上)』ダイヤモンド社)
Senge, Peter M.(1990)*The Art & Practice of The Learning Organization: The Fifth Discipline*.(森部信之訳(1995)『最強組織の法則,新時代のチームワークとは何か』徳間書店)
サイアート, R. M. & J. G. マーチ(松田武彦・井上恒夫訳)(1967)『企業の行動理論』
加護野忠男・野中郁次郎・石井淳蔵・奥村昭博(1985)『経営戦略論』有斐閣
根本孝(1998)『ラーニング・シフト:アメリカ企業の教育革命』同文館
日本動物園水族館協会「日本動物園水族館年報(1998年度版)」
同上「事業概要」(2009年版)
藤芳誠一編著(1985)「経営管理学の意義」『経営学辞典』泉文堂
三木一哉(2011)『円山動物園「おもてなし日本一」への挑戦』財界さっぽろ
佐々木利廣・加藤高明・東俊之・澤田好宏(2009)『組織間コラボレーション,協働が社会的価値を生み出す』ナカニシヤ出版
寺沢隆宏(2008)「ハッチ人気だけではない須坂市動物園」(財)長野経済研究所『経済月報』第287号
寺沢隆宏(2008)「ハッチ人気だけではない須坂市動物園」(財)長野経済研究所『経済

月報』第 287 号
丸山裕範・小林正和(2006)「須坂動物園の取り組み」信州自治研究会『信州自治』2006 年 4 月号
同上「小さな動物園の挑戦,ハッチその後」『信州自治』2007 年 3 月号
「動物園ビックリ度格付け」『日経 TRENDY』日経ホーム出版,2007 年 8 月号
小柴宇一郎(2007)「須坂市のパブルシティ戦略,動物園入園者,過去最高に,市財政でも展開,最小のコストで最大の効果」『地方行政』2007 年 7 月 26 日号
PHP 研究所(2007)『カンガルー・ハッチのおやじな毎日』

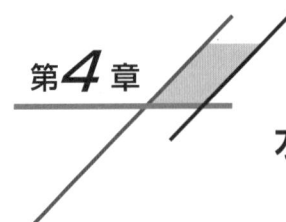

第4章 水族館独自の経営改革の展開

Ⅰ．水生動物を専門に飼育・展示する水族館

　すでに述べたように，水族館は水生動物を専門的に飼育・展示する動物園である。したがって一般的な動物園とは異なった組織環境のもとにあり，そこにおける運営の実態や課題は動物園とは若干異なったものが存在する。その1つが水族館独自の施設と水生動物を扱うための特殊なスキルに関するものである。

1．独自なノウハウとスキルが要求される水族館

　水生動物の多くは，水がなければ生命の維持が不可能である。たとえば，大型の水生動物は2日間新鮮な水が供給されないと死んでしまうといわれている。したがって新しい水を外部から取り込み，それらを浄化し続けなければすぐに死んでしまうため，一定の水質を維持するための特殊な設備や技術が必要となる。さらには，それらを維持・管理するために膨大なコストが必要とされる。これらのコストを削減するためには独自な技術も要求されてくる。

　水族館で重要な設備と管理技術は大別すると，① 水槽・旅水槽・貯水槽の設計・設置技術，② 給水・循環ポンプ設備，③ 水の濾過装置，④ 水の冷却施設，⑤ 水槽や館内を一定の温度や湿度に保つための空調設備，⑥ それらを管理するための特殊なメンテナンス技術に分類される。水槽・旅水槽・貯水漕の設計・設置技術についてみてみよう。

　水槽の設計・設置の際に最も重要な問題の1つは水圧の管理である。水槽には大きな水圧がかかるため特殊なアクリルパネルが必要になる。たとえば，沖縄美ら海水族館の巨大水槽である「黒潮の海」の水槽の事例でみると，巨大水槽

に飼育されているジンベエザメは立ち泳ぎをして餌を食べるため水槽が浅すぎると餌を食べることができない反面，水槽を高くすると1cm^{2}あたり1kgという高い圧力がかかり，水槽が破壊されてしまう。そのために採られた方法はアクリルパネルを何枚も重ね合わせて強度を保つやり方であった。沖縄美ら海水族館の水槽は1枚あたり8.5m×3.5m，厚さ4cmでのパネルを何枚にも重ね1枚の板にし，厚さ60cmのものとなっている。それらを設置した新菱冷熱工業社の担当者の話では，「それらを設置し，最初に水を入れた時は『ミシミシ』と音が鳴り，設計上の計算では，大丈夫だと思っていても本当にうまくいくのかという緊張があった」（新菱冷熱工業社，喜田敬氏インタビューより）とのことである。

　水槽の設計と設置に関するもう1つの技術は魚の習性に合わせた設計技術が要求されるということである。多くの水族館で行われているイルカ・ショーが行われるイルカプールは，通常のプール型の水槽ではイルカが隅にぶつかり怪我をしてしまうため，イルカの泳ぎに対応した流線形にする必要がある。また，メインプールの脇に休憩用と治療用の2つのプールが必要となる。

　また，海水を使う施設で一番大変なことは，プールの周辺がサビたり，コンクリートが劣化してしまうことである。そのため使用するポンプは錆防止のために鉄ではなく硬質塩ビ管が使われている。鉄をどうしても使わざるを得ない個所には，鉄の管にポリエチレンのライディングやゴムライディングを内外面に使用するなどの特殊な技術が施されている。一見鉄にみえる手すりも外側に合成塗装が施されているほか，内側の鉄も特殊な材料の素材を使用しなければならない。

　給水・循環ポンプ設備にも多くの配慮が必要とされている。淡水魚を扱う一部の水族館を除いて，多くの水族館は，八丈島の海水を船とトラックで運んでいる葛西臨海水族園などのように，海水を給水車で海から運ぶか，直接海からポンプで海水を取り込み，一部を濾過してリサイクルを行うとともに，汚染された水を排水する形で水が管理されている。このため水の管理には膨大なコストと独自な技術が必要になる。海辺の海水は汚れが多く，ごみなども含まれて

いるため，沖合まで取水パイプを設置しなければならないからである。

　沖縄美ら海水族館の場合には，比較的海がきれいなため沖合300m，水深20mのところから2台の大型ポンプと2台のバックアップ用ポンプでくみ上げ，濾過装置を使って取水されている。これらのポンプを動かすためにも膨大な電気代がかかってしまう。排水の際にもそのまま水を海に排水してしまうのではない。排水には下水処理が必要なため，下水料金も膨大なものとなってしまう。その他，海水を取水する際には漁協との特別な契約が必要になることもある。このため，水族館では水をいかに効率的に循環させていくのかという技術や工夫が要求されてくる。水族館としては水を入れ替えるだけで多くの電気を消費するため，できるかぎり水の循環を減らしたいと考えているが，水の透明度や清潔度は確保しなければならないため，管理者の長年の経験が必要とされる。たとえば，沖縄美ら海水族館では沖縄の海がきれいなため，1日12ターンで海水を取り入れているが，それらを4ターンで循環させ，8ターンは特殊な砂を利用した濾過装置を設置することで他の施設の半分にコストを下げる工夫を行っている。また，配管トラブルは24時間体制で修復するためのバックアップ体制が採られており，緊急の場合に備えて緊急用発電装置，予備用のバックアップ・ポンプなどの設置も必要となっている(山崎，2003，参照)。

　水の濾過装置，冷却施設，そして水槽と館内を一定の温度や湿度に保つための空調設備も重要である。とりわけ水の濾過装置は水生動物を健康に飼育すると同時に，水を効率的にコントロールすることで取水コストを抑えるための特殊な技術が要求されている。美ら海水族館の場合には大小合わせて102台の濾過装置が設置されている。

　魚やイルカのフン，餌の残りは乳化しており通常の濾過装置(フィルター)では処理されにくい。このため多くの水族館でさまざまな工夫がなされている。美ら海水族館の場合には黒潮の海水槽の底にサンゴ礫(レキ)が敷かれている。これは，「沖縄の海を切り取った水槽」というコンセプトにされているものであるが，実際には，サンゴ礫を敷いておくことで，汚れたとき除去して新しく入れ替えれば，底にへばりついたゴミなどの掃除の手間が省けるのではないかと

第4章　水族館独自の経営改革の展開

いう発想から導入されたものである。しかしながらこの装置でも，水は底から抜くようになっており，そこにサンゴの礫が入ってしまうため，ネットを張るなどの対応が必要になったとのことである。また別の水槽では，特殊な砂(ケイ砂)を使った濾過装置が導入されている。ネットの下に大きさの異なる砂を数層に敷き詰めて濾過し，浄化しリサイクルする特殊な技術である。これによって効率よく海水の濾過が可能となったのである。

　また，濾過装置は強い圧力をかけて水を逆流させることによって砂や石を浮き上がらせて洗浄を行う必要がある。このとき，ウォーター・ハンマーと呼ばれる急激な水圧がかかってしまうため，配管の圧力の急激な変化で配管が破損してしまうトラブルの恐れがあり，これを防ぐにも微妙な技術が要求されてくる。

　水の冷却・配管装置や技術にも高度な工夫が要求されている。水生動物は生息地によって水温が異なるため水温の適切な温度管理が重要になる。そこで使用される冷却機も海水による錆を防ぐため高価なチタンが効果的に使用されている。

　海水は錆がつきやすいため配管には強化エチレンのパイプが使用されている。しかしながら強化エチレンのパイプは錆には強い反面，強度が弱いため巨大な水圧によってそのままでは破壊されてしまう。とりわけ強大な圧力がかかるパイプの接続部分には，微妙なテーピング技術や接着剤の工夫，接続部分の仕込み具合など技術者の高度な熟練が必要になってくる。

　水の量や圧力の微妙な管理も重要である。魚はエラ呼吸のため通常は，海水に酸素を送り込むためのバブリングを行っている。その際に強すぎる圧力によるトラブルも発生する。たとえば，水槽の海水は上部から送り込まれているが，そのまま配管から送り込まれると送水管が太いため落水後に泡が立ちすぎてしまうことになる。そのためパイプの断面を小さくする装置をつけて排水量を調整するなどの工夫も必要になってくるのである(新菱冷熱工業社，喜田敬氏インタビュー，2011年11月15日，および山崎，2003，より)。

　また，水中でしか生活できない水生動物を飼育し繁殖活動を行っていくため

には，水族館施設を維持するための独自な設備と技術だけでなく，彼らを飼育するための特殊な装置とスキルが要求されてくる。

　水中で泳ぎまわっている魚やイルカの病気や妊娠・出産などの健康状態を正確に，しかも迅速に把握して処置をするために特殊なレントゲン機器，サーモグラフィー，エコー，内視鏡，電子顕微鏡などの高度の医療機器が必要となる。陸上で生息する動物たちとは異なって水中にいる魚やイルカたちは水から出すと死んでしまうため，獣医師たちは自ら水中に入って診察・治療を行うか，陸上できわめて短時間で行ってしまうしかない。そのためには獣医師みずからも潜水技術が必要になるだけでなく，特別に工夫された検査・治療機器を自分たちで作る必要がある。この点に関しては，沖縄美ら海水族館の獣医師の植田啓一氏が筆者らに語ってくれた次のようなコメントから知ることができる。若干長くなるが，水族館に要求されるスキルを知る上で貴重な内容であるため，そのまま引用させていただくことにする。

　「水族館には人の検査機には劣るものの，犬猫病院並みのCTスキャン，サーモグラフィー，X線装置などの検査装置があり，これは，動物をよりよく飼うために全て揃えている。エコーも4種類ある。その中にはエコーのハウジングという装置がある。これは水槽の近くで動物を診るので水をかぶってもいいようにという目論みで自分たちが開発したものである。というのは，イルカもレントゲンを撮りキズが出来れば手術をする。そして治療を行う。かつて，人工尾びれで日本中に有名になった『フジ』も徐々に尾びれが腐ってきたのでなんとかしなければと思い，サーモグラフィーやレントゲンなどの確定診断を行い，結果的には切除手術をした。半年ほどできれいに治ったので，やり方に問題があるにしても，もっともっと動物に対して，アプローチできるのではないかということがみえてきた。

　背中に傷を負ったイルカが保護され，調べると小型のモリが刺さっていた。緊急保護されてきたオキゴンドウという生き物だが，診たからには取らなければならないので酪農大学教授にお願いして緊急手術を行った。今まで実施されていなかった縫合手術を試し，消毒をしながら経過観察した結果2週間ほどで

第4章　水族館独自の経営改革の展開

治癒に至った。また，頚部が腫れているイルカがいたのでサーモグラフィーで調べ，レントゲンを撮り，何か異物がないかと確認した。その後エコーでみると何か溜まっているのがわかった。そこで実際に手術してみて悪いところを取り出した。先程の事例のように縫ってみたところ約90日で傷が塞がった。アプローチとして，こういうこともできるとわかった。水族館の仕事は内視鏡やいろいろな検査を使って行われている。

　私は2009年に魚類に担当が変わったが，イルカは哺乳類なので水の外に出せるが，魚類は水から出せないため，魚たちの検査や治療のためには，こちらから水に入ることにした。同時に，すべての検査・治療機器など，必要なものを水に沈めた。医療機器業者に言うと『えっ？』と言われたけれども，水中にいる魚たちを扱うには，こちらから水に入るしかないと思ったからである。

　実際に，マンタの採血（水深10m）やジンベエザメのエコーをイケスの中で行った。こういうものと戦わなければならない。そのためのデータ採取は実際に漁師のサメ狩りの暁に，血を摂りデータを集めて蓄積した。

　沖縄美ら海水族館のマンタは毎年7月頃に1匹ずつ出産をする。今も妊娠している。それに対してどのようにアプローチができるのか，出産後にしかできないのか，出産前にはアプローチできないのか，実際には，自分がメスのマンタにオスが交尾をしようとしているところに私が水中に入りマンタたちの間に紛れて採血をした。その時にはマンタに叩かれながらやるという面白いことも経験した。マンタのエコーも撮れるようになった。

　また，海洋博公園はオキちゃん劇場やイルカラグーンなど，客と動物が近くに接する施設をもっているため，異物を客が落してしまうことがある。そのためにはそれらに対応できる体制を作っておかなければならない。動物が異物を飲み込んだのをみて，後日，客から『その後どうなったか』と聞かれたときに備えて，内視鏡で診て，異物を取り出すことをしないといけない，からである」
（沖縄美ら海水族館獣医師，植田啓一氏インタビュー，2011年11月15日より）。

　水生動物の飼育・管理という問題とは別に水族館にはもう1つの大きな仕事がある。水族館の多くはイルカやアザラシ，トドなどを対象としたショータイ

ムによって多くの観客を引き付けてきた。これらのエンターテイメントの仕事も水族館の大きな仕事の1つである。これらの人材をいかに育成していくかという問題も水族館に課せられている大きな仕事となっている。

このように，一般の動物園と比べると水族館にはさまざまな特殊な設備・技術，そしてノウハウが必要となっている。このような努力の積み重ねが日本の水族館を世界のトップレベルに押し上げてきた1つの要因であろう。

2．水族館を取り巻く経営環境と課題

公立の事例でみると動物園の入園料が600円から800円程度であるのに対して，水族館の多くはその2倍近い1,200円から1,500円程度となっている。にもかかわらず，すでに述べたように，動物園と比べて水族館の運営は比較的良好な状態を続けてきた。入館者数をみると，動物園が減少気味であるのに対して水族館は増加傾向にあった（図表1-9.を参照）。顧客吸引率をみてもJAZA加盟の施設のうち，1以上の施設では動物園が4割に満たなかったのに対して，水族館は7割近くが1以上となっていた。収支状況についても同様であった。1以上の収支状況の動物園は4割に満たなかったが，水族館のそれは半数以上となっていたのである。その意味では，動物園の多くが入園者数を減少することによって閉園の危機を迎えてきたのに対して，水族館の多くは，新たなイノベーションの必要に迫られることが少なかったのである。とはいえ，問題がないわけではない。その1つは水族館の画一化の問題である。

先に述べたように，水族館の設立・運営にはきわめて高度な設備や技術が要求されている。このことは施設の設計や管理が特殊なノウハウをもった特定の業者に委ねられてしまうということになる。実際，筆者がヒアリングを行った沖縄美ら海水族館の設計・設置業者である新菱冷熱工業社は，沖縄美ら海水族館だけでなく，日本中の大規模な水族館の設計・設置をほぼ独占的に行ってきた。

北海道のサンピアザ水族館，登別マリンパークニクス，アクアマリンふくしま，サンシャイン国際水族館，しながわ水族館，京急油壺マリンパークイルカ

生態見物見学館，かごしま水族館，海ノ中道海洋生態科学館，魚津水族館，城崎マリンワールド・ダイブのほか，新潟大学理学部臨海実験所や近畿大学奄美実験所採卵水槽など大学所有の水族館なども手掛けている。

　同社は，1976年(静岡県三津天然水族館の水族館改築工事)から2011年5月(アクアマリンふくしまの震災復旧工事)までの間に，全国の水族館を中心に116カ所の設備工事を行ってきたのである。

　水族館の設計・設置が特定の専門業者に委ねられているという状況は，どこに行ってもその規模が異なるだけで魚たちの見せ方や施設の内容が画一化され，それぞれの施設の個性がなくなってしまう危険をはらんでいる。その結果として，短期的には水族館人気が一時的なブームになっても，小規模な施設は次つぎと淘汰され，予算規模の大きい施設だけが生き残ってしまい，長期的にみると水族館全体の発展は見込めなくなってしまう恐れがある。もう1つの問題は動物の見せ方に対する問題である。

　水族館の人気の1つはショータイムにある。ある程度の規模の水族館はイルカ・スタジアムやプールを利用してイルカやアザラシなどに芸をさせたり，飼育員との絶妙な掛け合いによって大勢の観客を魅了することで多くの入館者を獲得してきたのが現状である。魚は動物のように表情が豊かではないため，動物園のように動物の一頭一頭に入館者が癒されることは稀である。入館者の多くは水槽の空間を鑑賞するだけで，短時間で通り抜けてしまう。最も多くの時間を過ごすのはイルカ・スタジアムで行われるエンターテイメントの場所である。リピーター率も動物園と比べると比較的低い状況にある。その意味では，水族館の人気はイルカ・スタジアムの人気に依存してきたといってよいだろう。

　しかしながら，世界的な動向として近年，動物愛護の視点からイルカ・ショーが批判の対象となり，サルやチンパンジーのショーと同様に禁止の方向に動きだしてきたのである。クジラの調査捕鯨船を暴力的な方法で襲っているシー・シェパードに象徴される動物保護団体にすれば，「自然の中で生息している動物たち，とりわけ人間と同じ哺乳類であるイルカを狭い檻の中にとじ込めるだけでなく，彼らに芸をさせるのは虐待そのものである」という訳である。

これらの理論の成否はともかくとして，日本の水族館も大きな転機を迎えつつあることだけは事実であろう。それぞれの施設が，従来の水族館の在り方にとらわれない新しい方向を模索し，他の施設とどのように差別化戦略を行い，個性のある魅力的なものにしていけるかという課題が生じてきているのである。

II．ナンバーワン・オンリーワンサービスの提供による競争優位の獲得

1．沖縄美ら海水族館の差別化戦略

　沖縄美ら海水族館は，1975年に沖縄本土復帰記念行事として開催された沖縄国際海洋博覧会の際に出展された海洋生物園を受け継いで開館したのが始まりである。しかし，1991年ごろから入園者数の減少，施設の老朽化に伴い旧来の水族館を2001年に閉館し，沖縄本土復帰30周年に合わせて「沖縄美ら海水族館」と改称し開館した。水族館内は世界最大級のアクリル製巨大水槽「黒潮の海」のほか，「サンゴの海」「深層の海」などといった「沖縄の海との出会い」をコンセプトとしてさまざまな海の生物を展示している。展示数は1,228種27,734点となっている。

　創立者は国土交通省であるが，運営は独立行政法人都市再生機構が行っている。館長を含む事務職員17名，動物関係82名のスタッフによって運営されている。年間入館者数は約270万人で，国内のみならず海外からも多くの観光客が訪れる沖縄最大の観光スポットの1つとなっている。

　沖縄美ら海水族館は加茂水族館とはきわめて対照的である。加茂水族館はハードよりソフトを重視して再生を果たしたのに対し，美ら海水族館は巨大なハードを作り上げることでナンバーワンの施設を作り上げ，再生を果たした水族館である。

　前館長の内田詮三氏によれば，水族館が入園者を呼び込むためには，館長や飼育員の「ひとりよがりは駄目であり，魅力ある施設づくりが必要であると」，とされる。このコメントは，かつて閉館に追いやられてしまった伊東水族館の館長を経験した内田氏の教訓によるものであろう。このような教訓を具体化す

第4章 水族館独自の経営改革の展開

る形で設置されたものの1つが当時世界一の規模を誇った巨大水槽である。7,500m³のアクリル製巨大水槽「黒潮の海」は，現在はドバイの水族館に抜かれたものの，建設当時は世界最大の展示水槽であった。「黒潮の海」には，当時どの水族館でも試みられていなかった（オス2匹・メス1匹），マンタなどの巨大魚類が複数飼育されていた。

この水槽は，「小さいものは世界一でも珍しいだけでは人は呼べない。でかいものが大切である」という沖縄美ら海水族館前館長の内田詮三氏の考え方に基づいて建設されたものであった（内田詮三監修・深光富士男編著，2010，132ページ）。同施設のサンゴ礁の展示施設も世界最大の規模を誇っていた。大型サメ・エイ（ジンベエザメ，マンタ）の長期間飼育も2011年3月の時点で世界最長となっているほか，世界初に成功したマンタの繁殖，世界初のジンベエザメの複数飼育に成功するなど，繁殖技術においても世界有数の記録を保持している。

今後も，「黒潮の海」水槽の4倍の水槽をつくり，全長15mにおよぶザトウクジラを飼育すると同時に，ジンベエザメの繁殖を軌道にのせ，世界中に販売したい，とのことであった。ちなみに，シャチ1匹が億単位の相場になっており，それによって多くの資金確保も可能になるのである（内田詮三監修・深光富士男編著，2010，122ページ）。

同施設では，入館者の多くが観光客であるということから，高齢者やハンディキャップをもったさまざまな入館者のニーズに応えるための施設やサービスも充実したものとなっている。落差のある施設をスムースに移動するための巨大なエスカレーターが設置されているほか，館内を巡回する大型バスや小型の屋根付きのカートが置かれている。

また，水族館内には巨大水槽を眺めながら食事ができるお洒落なレストランが併設され，ほの暗い店内には多くのカップルで賑わっている。

最近では「生物の多様性」や「環境保護」について学び，「自然」の素晴らしさと大切さを知ってもらう「黒潮探検（水上観覧コース）」など，これまで水族館ではあまり行われてこなかった新しい試みも導入されている。黒潮ツアーは，展示施設のみならず，バックヤードを開放し，ワンポイント・ガイドを聞きながら

水槽を眺めるだけでなく，施設全体をみてもらうことで魚たちへの興味を深めて欲しいという試みである。

イノベーションの源泉は現場スタッフとチーム力によって生み出されてくる。沖縄美ら海水族館でも人的資源を有効に活かすためのさまざまな配慮が行われてきた。前館長の内田氏によれば，「飼育係は宝であり，財産である」という視点から，「できるかぎり現場にまかせることが大切なため，こうしなきゃいけない」ということは絶対にいわないようにしてきたとのことである。

また，「仲間が協力しあうことでさらに大きな仕事ができていく」，「スタッフ同士のコミュニケーションが重要であり」「相談することや情報交換が大切である」という考え方にもとづき，館長自らも「きめ細かいコミュニケーションのため，100名に及ぶスタッフ全員にわけへだてなく声をかける努力を行ってきた」（美ら海水族館前館長），ということである。

このような成果の1つとして表れているのが館外施設の呼び物であるイルカ・ショーである「オキちゃん劇場」である。オキちゃん劇場では単にイルカのショーをみせるだけではなく，イルカとの絶妙なかけ合いや，「子どもたちからの質問に答える手紙を運んでくる」イルカ・ショーや，観客を巻き込んだエンターテイメントがさまざまな形で行われている。

外部組織との協働がいかに効果的に行えるかが今日の公的組織に最も重要な課題の1つとなっている。沖縄美ら海水族館が，ブリヂジストン社や造形作家の薬師寺一彦氏らとの共同による人工尾びれプロジェクトは美ら海水族館の行った外部組織との成功を象徴するものであった。

このプロジェクトは映画化され2007年に全国公開されて絶大な人気を博したことで，多くの人々に知られている。その発端は美ら海水族館の獣医師であった植田氏がブリヂストン社の顧客相談窓口に，イルカのフジのための人工尾びれを作って欲しい，と依頼してきたことから開始された。1976年から美ら海水族館にやってきて以来，3頭の子どもを出産するなど多くの人々に人気があったメスのバンドウイルカのフジが2002年10月，感染症と循環障害のため尾びれの壊死が進行し，尾びれの75％を切除せざるを得なくなった。切除手

術によって自由に泳ぎまわることができないフジをみかねて思いついたのがゴムでイルカの人工尾びれを作ってやろうというものであった。

　植田氏の熱意に打たれたブリヂストンの開発スタッフにとって，世界で誰も行ったことのない開発であることも，心を動かされるものであった。自動車のタイヤ生産で世界トップレベルの技術を有するブリヂストン社の開発スタッフは，近くの水族館で実際のイルカの肌を調べたり，イルカの尾びれの瞬発力や動きなどを徹底的に調べ上げ，薬師寺一彦氏，獣医師の植村氏らと試行錯誤の末，2年後にこのプロジェクトに成功したのである（ブリヂストン社のホームページより）。このプロジェクトは，沖縄美ら海水族館における生き物たちの治療や手術に引き継がれ発展することで，企業深化の向上に大きく貢献することになった。

　一方このプロジェクトに参加したブリヂストン社にとっても大きなメリットをもたらすことになった。同社は，CSR活動を世界戦略の最重点課題の1つに据え，社長直属のCSR活動を積極的に推進してきている（ブリヂストン社のCSR報告書より）。グローバル企業であるブリヂストン社はフォード社のタイヤリコール問題に象徴されるように，諸外国でCSR活動の重要性を日本のどの企業よりも認識し，CSR活動を企業のブランド化推進のための有効な戦略と考えてきた。イルカを助けたいという想いで開始したイルカの人工尾びれの開発プロジェクトの成功は，イルカを人間の友達と考え大切にする欧米諸国を中心とする世界中の国々に大きな反響を呼び起こし，企業イメージのアップにも大きく役立ったのである（ブリヂストン社部長，滝澤俊樹インタビュー，2012年5月29日より）。

　沖縄美ら海水族館は，魅力ある施設を創るだけでなく，それらを外部へ発信し，知ってもらうための努力も積極的に行ってきた。海外からの観光客を対象に外国語を話すことができるスタッフの採用と育成，さらには，英語や中国語，韓国語など各国の言語で書かれたパンフレットを作成し，各地へ配布している。また，人口尾びれをつけた「イルカのフジ」の映画製作や，タレントの爆笑問題が出演したテレビ番組の協力など，マスメディアを通して沖縄美ら海水族館の

取り組みを全国への発信を行ったり，館長みずからも多くの論文や著作を執筆するなど，さまざまな試みも積極的に行ってきた。

沖縄美ら海水族館も他の施設と同様にさまざまな課題をもっている。イルカ・ショーの限界など，水族館全体の課題についてはすでに触れたが，同施設独自の課題も多く抱えている。これについては，獣医師の植田氏の次のようなコメントに象徴されている。

「沖縄に来る観光客の約6割は沖縄美ら海水族館に来てもらえているが，先ほど言ったようにジンベエザメも他の水族館で飼われ始めている。また大水槽もこれからどんどん出てくるだろう。そうなると今後沖縄美ら海水族館がみせていくものは何なのかという課題が出てくる。他にないものをどうみせて，それをどうPRして行くのか。何より一番難儀なのが，沖縄に観光として来てもらえなければ集客につながらないということである。けっして沖縄美ら海水族館は那覇空港から近くはないので，そこをどうするのか，沖縄美ら海と空港の間に水族館を作られると勝てるのかどうかという問題も出てくる。

現在，大水槽を作ってから10年が経過したが，残りの10年後をどのように戦っていくのか大きなテーマになる気がする。答えがまだみえず，どのように踏み込むのかもまだ定まっていない。クジラの飼育については，個人的にはやってみたいと考えている。営利目的での話は現実的な話であり，未知の生き物であるクジラを常設展示している所はない。昔飼っていたところもある。アメリカの『シーワールド』では短期間であるが飼育しており，日本でもミンククジラを飼っていたことがあるが，長期飼育はないのでそれに挑戦してみたい。しかし，気持ちだけの問題ではなく準備が必要であろう。クジラを保護し，飼育してすぐ死んだと言う訳にはいかないため知識と技術を上げなければならない。約束はできないが私がこの業界にいる間は挑戦し続けたい」(美ら海水族館獣医師，植田啓一氏インタビュー，2011年11月15日より)。

2．淡水魚への特化と自然河川を活かした千歳サケのふるさと館

水族館のイノベーションは，美ら海水族館のような大型施設だけでなく，地

第4章 水族館独自の経営改革の展開

方の小規模施設でも積極的に展開されている。そこにおけるイノベーションの特徴は，施設の箱もの，すなわちハードの充実ではなく，地域環境をみきわめ，現場の知恵，ヒューマンウェア，を活用した形の施設づくりにある。千歳サケのふるさと館もその1つである。

千歳サケのふるさと館は1994年に開館した主に淡水魚を飼育・展示する水族館である。管理者は，(財)千歳青少年教育財団である。淡水魚を中心に146種，57,792点の水生動物が飼育・展示されている。スタッフは16人(内臨時職員4名)，ボランティ登録約30名のスタッフによって維持・管理されている中規模の水族館である。2008年度の年間入館者数は134,239名(無料入館者を含む)となっている。

千歳サケのふるさと館が開館した1994年当時，千歳の近くには古い伝統をもち札幌圏では絶大な人気のある小樽水族館のほか，都市型水族館として市民が気楽に訪れることのできるサンピアザ水族館のほか，少し足を延ばせば訪れることが可能な民間業者が経営する登別マリンパークがすでに存在した。そのほかにも，札幌中心部には小規模ながら豊平川さけ科学館もあった。千歳サケのふるさと館がこれに対応するために採った戦略は，隣接する千歳川の地形をフルに活かしながら，日本最大級の淡水魚の飼育・展示に特化することであった。

隣接する千歳川は毎年夏から冬にかけて多数のサケが遡上する1級河川である。千歳サケのふるさと館は，千歳川を活かしたさまざまな施設づくりとイベントを行ってきた。地下1階地上2階の施設内には千歳川の川底をそのままみることのできる水槽を設置し，サケの遡上シーズンには天然のサケの遡上を館内からみることができる。この施設はアメリカ・シアトル市内チッテンデン水門に設置され，多くの観光客を集めてきた方式を取り入れたものであった。国内では，新潟県村上市のイヨボヤ会館で取り入れられている。

また，施設では，千歳川に設置されたインディアン水車によってサケを捕獲し，稚魚を育成し，3月から5月に，子どもたちによる放流も行われている。サケのふるさと館は広びろとした駐車場をもつサーモンパーク千歳の中にある

ため，市民と協働で行われるさまざまなイベントが開催されている。

千歳インディアン水車まつりでは，多数の屋台が並んで，小川をせき止めて行われる人気の「ヤマメつり大会」「ヤマメレース」「丸太切り競争」など千歳川を利用したイベントが開催されると同時に，千歳自衛隊音楽隊による演奏，ロック，ダンスなどのステージイベント，アイヌの伝統漁法によるサケの捕獲や踊りなどが行われ，札幌圏の多くの市民で賑わう。

同施設は，千歳空港に近いため多くの観光客が訪れているものの，青少年の健全な育成と成長を主な目標として作られた施設である。子どもたちによるサケの稚魚の放流もそれらの一環として行われてきたものである。このため，施設内には子どもたちを念頭においたさまざまな施設がある。施設内にはサケの一生などをみることができるシアターが設置されているほか，淡水魚に直接手を触れることのできるタッチプール，子どもたちが直接操作することでチョウザメに餌をやる餌やりロボットの設置などきめ細かい配慮がなされている。

その他，小樽水族館やサンピアザ水族館など他の施設の入館料が割引になるなど，さまざまな特典が与えられるサポーター会員制度，他の施設との連携体制や，ボランティ・ガイドの導入など，外部組織との連携体制も積極的に行われている。

3.「日本一」と「世界初」で再生したおんね湯温泉山の水族館

2012年7月にリニューアルされるや否や大人気となり注目を集めている小さな町の水族館がある。北海道網走管内北見市留辺蘂町にある山の水族館である。山の水族館は2012年7月にオンネ湯温泉道の駅にあった旧水族館を，わずか3億数千万で改修し，作り上げられた小さな町の水族館である。旭川市からは車で約2時間，網走市からは1時間半，JR留辺蘂駅からバスで20分，徒歩15分という極めて不便な立地条件にある。

この水族館には沖縄美ら海水族館のように巨大な水槽があるわけでも，マンタやジンベエザメのような珍しい魚や動物がいるわけでもない。多くの水族館の目玉となっているイルカ・ショーのスタジアムもない。ざっとみるだけなら

第4章 水族館独自の経営改革の展開

20分もあれば出口という小さな小さな水族館である。

ところが，同施設は，開館から2週間で旧水族館の年間入園者数2万人を達成。1カ月後には年間目標入館者数5万人を達成した。その後も入園者数を伸ばし続け2カ月後の9月には北見市の人口12万人を超す入館者を記録した。

筆者が訪れた9月の時点でも，道の駅おんね湯温泉の駐車場は満車状態になり，入館まちの人々で行列ができていた。この水族館の開館によって，それまで「閑古鳥が鳴いていた」近くの飲食店やみやげ店は行列ができるほどの集客効果があったほか，ホテルや旅館などの相乗効果はきわめて大きなものであった。これを可能にしたのは，地域環境をしっかりとみきわめ，それらを有効に活用した環境適応戦略と，コア（核）となる施設に経営資源を集中し，他者がまねできない新しいサービスを提供していくコア・コンピタンス戦略とによるものであった。

同施設は，鳥羽水族館をはじめ，新江ノ島水族館，サンシャイン国際水族館のリニューアルを手掛けた中村元氏によってプロデュースされたものであるが，同施設では，これまで水族館で展開されてきた試みを積極的に取り入れただけでなく，生態展示や行動展示など，動物園で展開されてきたさまざまなイノベーションの成果を徹底して絞り込み，施設づくりに活かされている。

その特徴は，①日本一と世界初がある水族館，②生き生きとした魚がみられる自然を摸した展示，③温根湯で育つ世界の淡水魚，という同施設のコンセプトの中に活かされている。

山の水族館の最大の目玉は1mを超える日本最大の淡水魚のイトウ40匹が展示されている水槽である。水族館の一部は外部の池とつながっているため，冬には凍結してしまう水槽が設置されている。この水槽は氷の下で暮らす魚たちの様子をみることができるよう工夫された「世界初」の水槽であるといわれている。多くの水族館が閉館してしまう北海道でも，冬期間に開館できるよう考案されたものであり，厳しい北海道の冬を逆手にとった発想によって作られたものであった（山の水族館ホームページより）。

同水族館のもう1つの目玉は，「滝壺水槽」である。滝壺水槽は水槽の中に滝

を作り，それを下から見上げることができるよう工夫されている。ここでは時間によって水量を変化させることによって魚の川のぼりもみることができる。

また，同施設ではピラルクやレッドテールキャットフィッシュなど熱帯地方に棲む世界の淡水魚が飼育されているが，水槽の水は，地元のおんね湯温泉の温泉水が使われている。その他にも，子どもたちに人気のタッチプールや，水槽越しに写真撮影ができる円柱水槽，円筒の上から金魚たちの微妙な動きをみることができる万華鏡水槽など，きめ細かな工夫があちこちにちりばめられている。

本章では，水族館に要求される独自な技術やノウハウと，そこにおける経営改革の動向・課題を，沖縄美ら海水族館，千歳サケのふるさと館，そしておんね湯山の水族館の事例を取り上げ，紹介してきた。

旭山動物園や加茂水族館を中心として注目されるようになったCS（Customer Satisfaction：顧客満足）志向，すなわち入園者の視点に立ったさまざまなイノベーションは，主に現場の知恵・ソフトを活かしたイノベーションから生み出さ

図表4-1．冬には凍結する北の大地の四季の水槽

（出所）　筆者撮影

第4章　水族館独自の経営改革の展開

図表4-2. 日本初の滝壺が見上げられる水槽

（出所）　筆者撮影

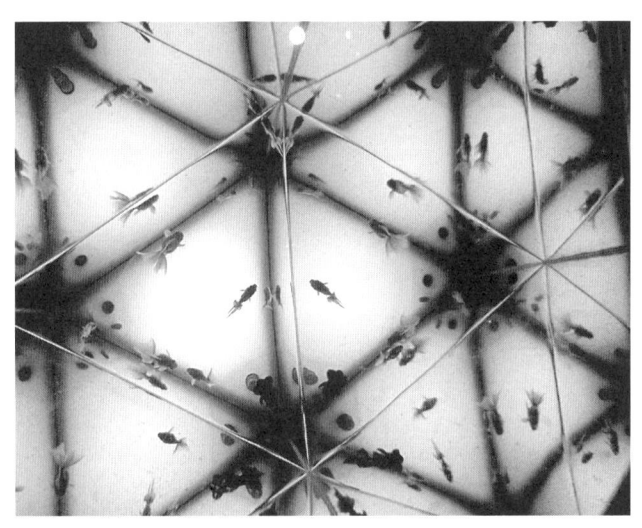

図表4-3. 万華鏡水槽からみた金魚たち

（出所）　筆者撮影

れてきたものである。これらのイノベーションの成果は，これまで紹介してきたような，マスメディアなどによって注目されている動物園だけでなく，全国各地の多くの動物園や水族館に波及し，学習され，さらにそれぞれ独自な工夫がほどこされ発展していった。次章ではこれについてみていくことにする。

引用・参考文献

内田詮三監修(2010)『沖縄美ら海水族館物語』PHP研究所
喜友名徹(2004)「沖縄の建築設備事例(2)沖縄美ら海水族館の設備概要」『空気調和・衛生工学』第78巻第9号
真鍋和子(2009)『とべ！人工尾びれのいるか「フジ」』佼成出版社
山崎久(2003)「沖縄美ら海水族館：生物飼育設備」『建築設備士』2003年10月号

第5章 現場の知恵・ソフトを活かした イノベーションの各地への波及

I. 展示方法の工夫

展示方法についてみると,その規模はそれぞれ異なっているものの行動展示や生態展示は地方の小規模な施設の一部を除いて多くの施設が取り入れている。

子どもたちにはまったく理解できないラテン語や英語で書かれた重々しい金属板のプレートに代わって現場の飼育員の手書きの看板やポップも特に小規模の動物園を中心に一般的にみられるようになっている。

II. ハードよりソフトを活かした工夫

インターネットを利用したホームページやブログによる CRM,すなわち顧客との良好な関係を創り上げ,維持することによって動物園や水族館の運営に活用して行こうという試みも程度の差こそあれ,ほとんどの施設で行われている。大牟田動物園のように飼育員の顔写真を全面的に露出してブログを作っている施設さえ現れている。

飼育員によるワンポイント・ガイドや「もぐもぐタイム」,子どもたちの餌やりコーナー,動物や魚たちとのふれ合いコーナー,年間パスポートの発行,手書きの看板,子どもたちによる写生大会,大人たちを巻き込んで行われる写真コンテスト,などもさまざまな工夫が凝らされている。このような動物園の改革は,多摩動物公園など,何もしなくても入園者を確保できると思われるような大規模な施設にも波及しつつある。

東京都多摩動物公園(以下,多摩動物園と呼ぶ)は 1958 年に上野動物園の分園

として設立された日本有数の動物園である。同施設は多摩丘陵の森に囲まれており，夏は涼しく，カップルたちのデートコースにもなっている。最寄駅の高幡不動からは動物たちが描かれたラッピング電車か，モノレールによってアクセスできる。

　動物園は，谷川と両側の自然の山の斜面を効果的に活かした施設となっており，アフリカゾーンの高台には展望台が設置され園内を展望できる。各所に広い木製のベンチとイスが配備されているほか，芝の広場も開放されているため，多くの家族連れがピクニック気分を堪能している。

　園内の通路には羽を広げた放し飼いのクジャクが散歩しており，カメラをもったギャラリーによる人だかりを作っている。

　動物園の人気スポットは，大がかりなオランウータンの綱渡り用施設と，アフリカゾーンの「ライオンバス」である。山一面を使った巨大なオランウータンの綱渡は，時間を決めての限定版となっており，動物の機嫌が良ければ山全体に張られたロープを渡るオランウータンの綱渡りをみることができる。ライオンたちを目の当たりにみることができるよう側面がガラス張りになっているライオンバスは，ライオンたちがたむろするコーナーで停車してくれるため，乗り場は長蛇の順番まちの状態である。

　作業用の軽トラックもゼブラ模様にペイントされ，子どもたちの関心を引き付ける工夫がなされているほか，ゾウなど多くのフットステップが通路の坂道にペイントされており，子どもたちがそれに合わせて「ケンケンパ」などして遊べるよう工夫されている。両側のがけには，ゾウの絵とともに「あぶないゾウ」の看板や，サイのイラストとともに「入らないでくだサイ」などというオヤジギャグなども施され，フレンドリーな工夫がなされている。

　園内では多くのボランティアの人々が入園者へのガイドツアーなどのサービスを行ってくれる。自然の山や丘をそのまま利用しているためダンゴ虫やアリなどが多く生息し，子どもたちがそれらを捕まえて遊んでいる。この施設は，東京都の他の２つの施設（上野動物園や葛西臨海水族園）と比べると最もゆったりと過ごすことができる。

第5章　現場の知恵・ソフトを活かしたイノベーションの各地への波及

　図表5-1.は日経トレンディに掲載された全国動物園ビックリ度ランキングである。この評価は，全国の名のある動物園に記者が実際に行って，餌やりの仕方，動物を面白くみせる仕掛け，展示施設の特徴など8つの項目で評価したものである。主観的な意見が入っており，必ずしもこれらの評価が妥当なものであるとは言えないものの，これをみる限り，本書で取り上げてきた施設以外でも多くの動物園が魅力的な施設づくりを目指して努力していることが理解できる。

Ⅲ．水族館へのイノベーションの波及

　旭山動物園のペンギン館における水中トンネル，あざらし館の筒型水槽，ペンギンの散歩，あるいは加茂水族館のクラネタリウムなど，新しい展示方法は動物園だけにとどまらず，多くの水族館でも，さらにバージョン・アップされ，取り入れられるようになっている。手書きによるポップなども一部の水族館では取り入れられている。

　釣り堀の設置や夜の水族館，学習コーナー，タッチプールなど，子どもたちの触れ合いや遊びを提供するコーナーも多くの施設に設置されている。

　バックヤード・ツアーのように単に水槽だけをみせるのではなく，水族館の裏側をみせることで魚たちへの興味をさらに高めるような試みも行われている。

　アドベンチャー・ワールドなどの民間施設を思わせるようなショッピング・モールや大型レストランを備えた大型施設も次つぎと登場しつつある。

　その他，ボランティ組織や民間企業などの外部組織との連携も多くの施設で取り入れ外部資源を有効に活用しようという動きも進められている。CRMなどのマーケティング戦略の導入やマスメディアを有効に活用したPR活動も一部の施設では積極的に行われている。

　かつては，それぞれの施設が試行錯誤によって独自な形で飼育方法を工夫し，運営されていた水族館は，それぞれの施設で温度差はあるものの，他の水族館や動物園との交流や組織学習によって，それぞれの組織環境に合致したイノベーションを展開しはじめている。

小樽水族館は戦後間もなくに開館した伝統のある水族館である。かつては東洋一のスケールを誇っており，アザラシやペンギンの繁殖では日本を代表する実績をもっている水族館である。同施設のイルカ・ショーやペンギン・ショーは北海道の人々には人気の水族館であった。小樽水族館のペンギンのショータイムでは，飼育員の指示に従わないペンギンと飼育員との掛け合いは，まるで達者な漫才をみているような絶妙な会話となっており，入園者たちの爆笑を誘ってきた。

　しかしながら日本全国に次つぎと新しい水族館が設立されるなかで入館者数が減少しつつあった。このような中で小樽水族館は，これまで冬期間休館していた施設の通年営業を開始するなど，さまざまな試みを導入しはじめている。

図表 5-1．全国動物園ビックリ度ランキング

1 位	旭川市旭山動物園
2 位	東京都恩賜上野動物園
3 位	東京都多摩動物公園
4 位	秋田市大森山動物園
5 位	名古屋市東山動物園
6 位	神戸市王子動物園
6 位	札幌市円山動物園
6 位	いしかわ動物園
9 位	豊橋総合動植物公園
9 位	横浜市立よこはま動物園
9 位	埼玉県こども動物自然公園
12 位	大阪天王寺動植物公園
12 位	到津の森公園
12 位	千葉市動物園
13 位	京都市動物園
13 位	とくしま動物園
15 位	仙台市八木山動物園
15 位	広島市安佐動物公園
17 位	愛媛県立とべ動物園
18 位	東武動物公園，静岡市立日本平動物園，福岡市動物園
21 位	浜松市動物園
22 位	宮崎市フェニックス自然動物園，鹿児島市平川動物公園
23 位	沖縄こども未来ゾーン，熊本市動物園，横浜市野毛山動物園，みさき公園，姫路市立動物園

（出所）『日経トレンディ』2007 年 8 月号より作成

第5章 現場の知恵・ソフトを活かしたイノベーションの各地への波及

その1つがバックヤード・ツアーである。このツアーは，動物園で行われていたワンポイント・ガイドや「もぐもぐタイム」を併せもつもので，単に魚たちを水槽でみせるだけではなく，それらの生態を知ってもらうことで改めて魚への興味を深めてもらうという試みである。団体予約の入館者をバックヤードに案内し，飼育員が交代で魚たちの生態や特徴を説明してくれるというものである。入館者たちは直接魚たちや骨格に触れながら，クイズなども交えながら分かりやすく説明してくれる，ということで連日多くの参加者で賑わっている。また，近隣の大学と提携したイルカの飼育と繁殖事業や，水槽の壁画を大学生に描いてもらうなど，外部組織との協働事業を積極的に行いはじめている。

札幌サンピアザ水族館は札幌副都心にあるごく小さな水族館である。ビルの中に作られたこの水族館にはオショロコマやサケなどの北海道の魚のほか，ペンギン館も設置されている。魚への餌やりコーナーなども設けられ，小さな子どもたちを抱いた母親たちで賑わっている。

アクアマリンふくしまや，海の中道海洋生態科学館(以下，海の中道水族館と呼ぶ)，沖縄美ら海水族館など，水族館の多くは巨大水槽と充実したレストランなどを併設した一種のレジャー施設として多くの入館者数を誇ってきた。

旧アクアマリン福島は東日本大震災によって一時は壊滅状態に陥り，日本中の水族館の協力で，現在急速に復旧しつつある水族館である。かつての施設は，水族館というより巨大なドーム型の大型リゾート施設なみの設備が整っていた。4階建てのドーム型の展望台からは太平洋が目前に見下ろせるように作られていた。館内には魚たちが生息する滝や森が生態展示されている水槽や，イワシ，エイなどの魚たちが飼育されている巨大水槽，水中と陸上の様子を同時にみることができる海獣たちの水槽など，目を見張るような設備が整えられていた。併設された釣り堀では釣った魚をそのまま調理して食べることができ，多くの順番待ちで賑わっていた。館外にも地域のビオトープと自然の砂浜が整備され，ゆったりと楽しめるよう工夫がこらされていた。

室蘭水族館は1953年6月北海道初の道立水族館として開館した伝統のある水族館である。市の中心部から離れているため入館者数を確保することが困難

で，かつては20万人を記録した入館者数は3分の1にまで減少し，人件費を含めると市の負担は1億円を突破していた。しかしながら最近では，公園内に屋台村，温泉，道の駅，ヨットハーバー，そして美しい山々，海，白鳥大橋などと有機的に組み合わせるとともに，館内でサケのつかみ取り大会や地元漁師の協力によるホタテ，タコなどの浜焼き大会，ペンギンの行進タイムなどを実施したり，クラネタリウムを新設するなどの改革努力によって入館者数を増加させつつある。このような動向は日本を代表する大規模な水族館や，大学の教育研究施設として作られた水族館においてもみることができる。

葛西臨海水族園は1989年に上野動物園の水生動物を専門に飼育する水族館として東京都によって作られた施設であり，JR京葉線葛西臨海公園駅徒歩5分という立地条件のため多くの入館者で賑わっている。開園当初は年間入館者数日本一（355万人）を記録するなど，東日本で最も人気のある水族館といわれている。一流建築士によって設計された巨大ドーム型の館内にはドーナツ型の大型水槽を回遊するマグロをはじめとして47の水槽に700種近い生物が展示されている。館内にはゆっくりと観察することができる長大なソファが設置されているほか，オープン型水槽の片隅にあるタッチプールにはスポットガイドの女性が配置されており，子どもたちに楽しい解説を行っている。

現在の人気スポットはペンギンのプールである。2012年3月に水槽から脱出したペンギンが同年5月には戻ってきた事件が報道されたことをきっかけに，それらを逆手にとったPRキャンペーンが行われた。館内には，館長のお詫び文を掲げた看板のほか，ペンギンの逃走経路や目撃情報を示した看板が掲げられている。そこでは，タックが付けられていない「脱走したペンギンをみつけよう」イベントや，脱走ペンギンに愛称を募集するイベントなど，水族館に親しみをもってもらうためのさまざまなイベントが行われている。また，室内展示室とは別に里山の小川を再現した散策コーナーも設置され，散歩コースとしても十分楽しめる工夫もなされている。

京都大学白浜水族館は大正時代に設立された伝統のある水族館である。和歌山県南紀白浜にあるこの施設は大学の教育研究施設として，サメやエイなどの

大型回遊魚のほか、クラゲ、黄色イソギンチャクなど、700種(9,800点)以上の水生動物を展示している。この施設は、展示動物や繁殖技術など世界的にも高い評価を受けている水族館であるものの、地域の小学生や地域住民に水族館を楽しんでもらうためのさまざまな取り組みもなされている。館内には、電子顕微鏡や研究成果を発表するためのパネルが掲げられているが、その脇には来館者用のスケッチメモ机が置いてあり、子どもたちが自由に学習できる配慮がなされている。一部の水槽にはライブカメラが設置され、水槽の内側からも魚たちの姿がみることができるよう工夫されている。夏休みの体験ツアーや解説ツアー、魚への餌やり体験など、さまざまなイベントも行われ、これらの取り組みは地元誌への投稿や、ホームページなどで積極的に発信されている。飼育スタッフの教員が作った「クラゲ音頭」は地元ではカラオケでも歌われている、とのことである。

Ⅳ. 民間水族館へのイノベーションの波及

1. サンシャイン国際水族館

　旭山動物園や加茂水族館などの公立の施設で開始され、全国の動物園に波及していったイノベーションの波は民間の水族館にも波及し、民間企業ならではの付加価値が加味され発展していった。東京池袋にあるサンシャイン国際水族館は、1983年に東京の池袋サンシャインシティビル6階の展望エリアに設置された都市型水族館である。経営者は株式会社サンシャインシティであり、狭いながらも768種、11,752点の水生動物を飼育し、年間入館者数891,245人(2008年度)を記録した水族館である。同施設は2011年にリニューアルを行い、急速に人気度を高めている。平日でも水族館直行エレベーターは順番まちの状況で、日中には多くの家族連れが、そして夜間はカップルを中心に賑わっている。

　6階の屋上に設置された海獣館は沢山の植物が植え込まれており、人工の滝などもあしらわれ、好天時にはのんびりと休息することができる。レストランや喫煙コーナーなども設置され、夜景が楽しめる夜は人気のデート・スポット

となっている。アシカ(オタリア)・スタジアムは子どもたちの一番の人気スポットである。観客を巻き込んだ飼育員とアシカのパフォーマンスは最大の撮影スポットとなっている。隣の円形水槽にはアシカがのびのびと泳いでいる姿を間近でみることができる。また，天井にも円形の透明な水槽が設置され，アシカたちの泳ぐ姿を下からも横からも展望台の敷地内のどの位置からも眺めることができるよう工夫されている。

　屋内の展示室には，マングローブの森をイメージした生態展示水槽やアマゾンに生息する巨大なピラニアたちの水槽が所狭しと展示されている。メイン水槽の「サンシャインラグーン」では，潜水服を着た飼育員と観客席にいるガイド役の飼育員がマイクを通じてさまざまなパフォーマンスをみせてくれる。

　館内のもう１つの人気スポットはクラゲ・トンネルである。この施設は山形の加茂水族館のクラネタリウムを想起させるものであるが，この施設では天井にもクラゲ水槽が設置され，下から幻想的なクラゲたちをみることができるよう工夫が加えられている。また，入口付近には受験シーズンには合格祈願用の短冊を結ぶコーナーなども設置され，多くの若者が行列を作っている。

２．新江ノ島水族館

　新江ノ島水族館は旧江ノ島水族館を改装して造られた施設である。旧江ノ島水族館は1954年に日本初の近代的な水族館としてオープンし，多くの入園者に親しまれてきた伝統のある水族館であった。現在の水族館は2001年，旧江ノ島水族館の館長であった堀由紀子氏がオリックス社の創業者である宮内義彦氏に相談し，PFIを取り入れ，施設運営が江の島ピーエフアイ，飼育部門が江ノ島マリンコーポレーションによって運営されている。館長は堀由紀子氏である。765種(48,643点)の水生動物が，相模の海ゾーン，深海コーナー，ペンギン・アザラシコーナーなど，主に生息地ごとの水槽に展示されている。

　館内最大の人気水槽である相模湾大水槽には8,000匹のイワシの群れが巨大な柱となって他の相模湾に生息する魚たちと泳いでいる。ショータイムには，水槽内の潜水士のカメラによって，併設されたモニターにクローズ・アップさ

第5章　現場の知恵・ソフトを活かしたイノベーションの各地への波及

れた魚たちが映し出されると同時に，係員が水槽の前で子どもたちと，巧みな話術を駆使してクイズを行ったり，魚たちの生態をわかりやすく解説している。

　閉館後に行われる「スペース・レンタル」イベントでは，水槽の前を利用して結婚式やさまざまなイベントを行うことも可能となっている。2004年から開始された「お泊りナイトツアー・新江の島水族館・夜の体験隊」は，寝袋などを持ち込んで宿泊し，展示飼育係とともに夜の生き物たちの生態を学ぶためのプログラムであり，2010年3月には1万人を超えた人気のイベントである（新江の島水族館ホームページより）。

　館内のスタッフは親切で親しみやすく，可愛いく工夫されたパネルなどをもたせて記念撮影を行ってくれている。また，エントランス広場では公立施設ではみられないフリー・マーケットが開催されるなど，さまざまなアイデアが具体化されている。

3．エプソン品川アクアスタジアム

　エプソン品川アクアスタジアムは，品川駅から徒歩2分，JR品川駅前，京浜急行に隣接（羽田空港まで25分で直結）した品川プリンスホテルに併設された良好な立地条件の都市型水族館である。平成17年に株式会社品川プリンスホテルによって設立された比較的新しい施設であり，547種（5,482点）の水生動物が展示されている。水族館は，トロピカルフィッシュの海中トンネル，ペンギン館，サンゴの海などの水槽のほか，イルカ・スタジアムなどの施設がある。他の水族館の多くが子どもたちをターゲットとしているのに対して，この施設は若者を主なターゲットとしている。そのため，水族館にはおしゃれなカフェやレストラン，アトラクション・ライブハウス施設などが併設されている。

　トロピカルフィッシュの海中トンネル型水槽がこの施設の呼び物の1つである。全長20mにおよぶトンネルの中はマリンブルーを主体とした光の効果によって，トンネルの中からみる熱帯魚たちの姿はまるで熱帯の海の中を散歩しているような錯覚に陥ってしまうほどである。

　イルカ・スタジアムはこの施設のもう1つの人気スポットである。暗い観覧

席から，幻想的でダイナミックな音楽とともに，マリンブルーを中心としたライトで映し出されるイルカたちのジャンプをみる大勢のカップルで埋め尽くされている。観客席の前列の観客にはポンチョが貸し出され，イルカの水しぶきを楽しむためのきめ細かい工夫もされている。それほど大規模な施設ではないものの，完全屋内型施設のため冬でも暖かく立地条件も良いことで，年間964,038人（2008年度）の入館者を記録している。

　その他，マスメディアからあまり取り上げられることのない地方の小さな水族館でも，飼育員たちのさまざまな工夫が随所にみることができる。たとえば，北海道紋別市にはオホーツクタワーのアクアゲイトと，オホーツクとっかりセンターという2つの水族館がある。アクアゲイトとは，地下1階・地上3階建ての立派な建物のオホーツクタワーの地下1階にある施設である。洞窟のように作られらた館内には円柱水槽，壁面水槽，海中水槽が設置されクリオネやクラゲ，カニなど，オホーツク海に棲むさかなたちが展示されている。とりわけ人気の的となっているのは海中水槽である。この水槽は，地下1階にあるため，オホーツク海の海中を泳ぎまわる魚たちや自然の姿をそのままみることができる。小さいながらもタッチプールも設置され子どもたちの人気スポットとなっている。

　とっかりセンターはアザラシだけを専門に飼育している施設である。館内には飼育されているアザラシの1頭1頭の顔写真や名前，特徴などが掲示されている。館内にある小さな休憩室にもアザラシに関する微笑ましい情報が壁一面に掲げられており，飼育員たちのアザラシへの愛情が伝わってくる。1日5回行われている入館者による餌やりタイムには，人なつこいアザラシたちが迎えてくれ，ほのぼのとした気分に浸ることができる。飼育水槽の柵にはアザラシに関するクイズに答えるとそれに応じた級が与えられる「アザラシ検定」コーナーも設けられるなどの工夫がなされている。

第5章　現場の知恵・ソフトを活かしたイノベーションの各地への波及

V．イノベーションの海外への波及

1．香港オーシャンパークのクラゲ万華鏡館

　すでに述べたように，日本の水族館の飼育技術や飼育設備は世界のトップ水準にあるといわれている。そのため，日本の水族館のイノベーションは日本国内だけでなく，海外にも移入され，発展を続けている。

　加茂水族館で採り入れられたクラゲの展示施設であるクラネタリウムは，海の中道水族館や室蘭水族館でいち早く取り入れられた。また，これらの展示方法は日本国内だけでなく，海外の水族館にも学習され，さらに工夫がなされていった。

　香港オーシャンパークは，香港市郊外にある山全体と海が公園に仕立てられた一大テーマパークである。海岸と山頂付近に水族館と動物園のほか，ジェット・コースターなどさまざまな遊具，レストランを配置し，終日楽しめる施設となっている。ウォーター・フロントと山頂を巨大なエスカレーターとケーブルカーで結ぶことによって，香港の街と海の景色が一望できることで香港の人々に人気の場所として知られている。NPOによって運営されているこの施設は，韓国のサムスン電子などからの寄付を受けるなど，外部との協働も効果的に行われている。施設の中には，生態展示された展示施設のほか，室内もモニターでみるなどの工夫されたパンダ館，巨大なフライング・ゲージなどをもつ動物園，エイやブリなどの大型魚を上部，中層，底部からさまざまな魚をみることができる水族館や，野球場のような巨大規模を誇るイルカ・スタジアム，子どもたちを対象とした体験学習コーナーなども設置されている。また，車イスや喫煙者の配慮もしっかりと整えられ，環境・資源などへの配慮の呼びかけが各所に掲げられている。

　この施設では，「世界十大水族館の1つ」であるというキャッチフレーズのもとに，世界中の動物園や水族館の施設を研究し，それらの長所を積極的に取り入れて施設の充実を図っている。これらの施設内で最近急速に人気が高まっているのが，クラゲ万華鏡館である。

オーシャンパークは，加茂水族館のクラネタリウムに早くから注目し，加茂水族館への2度の視察を行っていた。その後，加茂水族館のスタッフから直接指導を受け，クラゲ万華鏡館を完成させた。この施設は，クラネタリウムを多くの鏡で取り囲み，光の効果を使いながらさらに発展させ，見物者がまるで万華鏡に入ったかのような幻想的な施設となっている。

2．上海海洋水族館の展示施設

　急速な経済成長を基盤とした潤沢な資金と，旺盛な学習能力をもつ中国企業は，世界のトップレベルの技術やノウハウを積極的に導入するとともに，より高度な付加価値を賦与した形のイノベーションを展開しつつある。水族館経営についても同様であった。その1つが上海海洋水族館である。

　上海海洋水族館は，世界最大の人造海水水族館の1つを目指して，2002年，シンガポール星雅集団と中国保利集団が5,500万人民元を投資して作られた施設である。地下2階，地上2階建て，総建築面積は20,538m^{2}の建物の中に，300種，10,000万点以上の水生動物が展示されている。同施設の中は，「中国ゾーン」「アマゾン・ゾーン」「アフリカ・ゾーン」「日本ゾーン」など，9つのゾーンに分かれて展示されている。最大の目玉は水中トンネルとクラゲの展示施設である。

　水中トンネルは，旭山動物園で人気を博したペンギンの水中トンネルをモデルとしながらも，膨大な資金を投入することによってそれらにより高度な付加価値を賦与したものとなっている。各階にある水中トンネルは，水中トンネルの中をパイプ状のエスカレーターによって連絡している。また，全長150mに及ぶメインの水中トンネルには，回転寿司を乗せて移動するベルトコンベアーを想起させる歩く歩道が設置されている。この装置によって，長大な水中トンネルを歩かずに移動することができるだけでなく，動き回る魚たちの写真を撮りやすくなるよう工夫されている。

　同施設のもう1つの目玉であるクラゲの展示施設は，山形県の加茂水族館の飼育員が開発し，日本各地の水族館に普及していったクラネタリウムをモデル

第5章 現場の知恵・ソフトを活かしたイノベーションの各地への波及

としたものである。クラネタリウムは，すでに述べたように，加茂水族館の飼育員が直接現地に行って指導することによって香港オーシャンパークに導入されると同時に，光と鏡の組み合わせによってさらに高付加価値な施設に発展していったが，上海海洋水族館の展示施設もオーシャンパークの展示施設とまったく同様な工夫がなされている。

その他，潜水服の飼育員たちによる餌やりショーや，子どもたちを対象とした遊具の設置，館内のファーストフードショップ，さらには魚たちのぬいぐるみなどのグッズ・ショップの設置など，これまで日本の水族館が行ってきた多くの試みもほぼ完璧に取り入れられている。

大人160元(3,200円)という現地の物価水準を考慮すればきわめて高額な入館料にもかかわらず，東方明珠タワーの近くに建てられているため年間100万人以上の観光客や家族連れでごった返している。

本章では，日本各地の動物園と水族館で行われている現場の知恵やソフトを活かした個々のイノベーションの試みを紹介した。しかしながら動物園が長期的に持続していくためには動物園ならではの取り組みや方策が必要となってくる。次章ではこれについて触れてみることにする。

引用・参考文献

児玉敏一(2012)『進化する動物園・水族館：目でみる動物園・水族館のイノベーション』中西出版(電子書籍)
日本経済新聞社『日経トレンディ』2007年8月号

第6章 持続可能な動物園に向けて

I. 目先の数値や短期的人気だけで評価できない動物園

　動物園（水族館を含む）の評価は，ともすれば顧客吸引率や収支状況，さらには人気度など，短期的な視点からのみ行われてしまう傾向がある。しかしながら動物園，とりわけ公立の動物園は利益を目的とする企業とは異なっている。確かに，入園者数を確保し，財政基盤を健全化するための努力は財政的に厳しい今日の公立動物園の組織環境においては重要なことである。とはいえ，それらは動物園の二次目的であっても一次目的とはなり得ない。したがって，顧客吸引率や収支状況などの目先の数値や短期的人気だけで動物園を評価することは不可能である。入園者数の増加や目先の人気を高めることは，上野動物園の「パンダブーム」や，ジャイアントパンダの導入によって年間入園者数を100万人増加させた神戸市王子動物園の経験が物語るように，人気のある動物やめずらしい動物を導入し，多額の資金を投入して魅力的な施設を作り上げればそれほど難しいことではない。ところが，一部の施設を除いて多くの公立動物園は厳しい財政状況の中で運営されており，そのような余裕を持ち合わせていないのが現状である。

　また，目先の数値や短期的人気を最優先させた施設運営は，動物に多くのストレスを与えてしまったり，入園者への対応に追われて動物の管理が時として疎かになったりすることで動物に悪影響を与えてしまうこともある。

　入園者を増加させることを最優先にすることの問題点はそればかりではない。一部の業者が行っている人気度ランキングなどによって動物園の「面白さ」ばかりで動物園が評価される風潮は，時として動物に芸をさせるなど，動物の保護

や繁殖といった動物園本来の役割を逸脱し，動物を使い捨てにすることにもなりかねない。しかしながら稀少動物の多くは，すでに述べたように，ワシントン条約によってその獲得が制限されており，各施設がそれらを入手する方法は他の施設から動物を借り受けるという形以外不可能になりつつある。これまで比較的順調な運営を続けてきた水族館でもそれは例外ではない。すでに述べたように，水族館の定番であるイルカ・ショーも動物虐待との理由で禁止されようとしているのである。

このような状況の中で，多くの動物園がその本来の目的よりも入園者数の確保だけを重視するならば，諸外国の動物園から見放され，日本の動物園からそれらがまったく消えてしまうことになる。すでにヨーロッパ諸国では種の保存や環境教育に力を入れていない遊園地的動物園が市民運動によって閉園に追い込まれているといわれている（小宮，2010，233ページ）。

また，人気のある動物園の取り組みにあやかろうと同じような施設の建設や展示方法の模倣は，それぞれの動物園の個性を失わせ，マンネリ化させ，長期的にみると動物園全体の魅力を失ってしまい，共倒れになってしまう恐れさえあるのである。

このような点を考えると，日本の動物園が今後も持続可能な動物園の運営を行っていくためには，人々を引き付けるための経営努力を行っていくと同時に，動物園にしかできない役割，言い換えれば動物園だけができることを，それぞれの施設を運営する地域の財政状況や立地条件，さらには，その地域の人々が求めているニーズや地域文化をみきわめ，それぞれの施設の魅力を全面に引き出していく知恵と努力が必要とされているのである。

II．多様な役割を果たすそれぞれの動物園

1．総合的・大局的な役割を担う上野動物園

それぞれの公立の施設は，管轄や管理者の違いにも象徴されるように，それぞれ異なった目的をもって設立・運営されているが，一般的には，次のような

共通の役割を担わされている。
① 動物の飼育・繁殖・研究・展示活動
② 青少年の教育活動
③ 野生動物の保護・救援活動
④ 都市の緑化，市民のゆとりの場の提供
⑤ 地球環境・資源問題の実践の場
⑥ 観光資源としての活用などの地域活性化の役割

それぞれの施設が，このような多様な役割を，それぞれの経営環境を活かした形で運営し，それぞれの個性を発揮していくことが求められている。

上野動物園は，1882年に国立の動物園として開園した日本最古の動物園であり，世界でもトップレベルの動物園として，レジャー施設としての役割だけでなく，研究，自然保護，種の保存，環境教育においても積極的な役割を演じてきた。わが国最大である508種，3,231点の動物を飼育（2008年度）している。2006年からは指定管理制度の導入に伴って，多摩動物公園，葛西臨海水族園・井の頭自然文化園とともに公益財団法人東京動物園協会によって管理されている。

1949年にはインドのネール首相から送られたゾウのインディラを主役とした移動動物園が上野動物園によって開始され，その後の動物園設立ブームの契機となった。その後各地に設立された動物園の多くは上野動物園をモデルにしたものであった。

1972年度にはジャイアントパンダの展示によって7,647,440の年間入園者数を記録した。1989年に「ズーストック計画」によって上野動物園の動物は，多摩動物園や井の頭自然文化園，葛西臨海水族園など，東京都の他の動物園に分散されたことや，パンダの死亡などによって入園者数は急激に減少したものの，2008年の入園者は350万人を記録し，依然として日本一の座を維持してきている。2011年には新しい2頭のパンダを中国から入手・展示し再び多くの入園者を呼びこむことに成功した。

飼育技術や種の保存にも古くから取り組んでおり，多くの実績をもっている。

第6章　持続可能な動物園にむけて

1950年には孵化器によるツルの人工孵化と育雛に成功し，世界で15種のツルのうち14種の飼育経験をもつことで国際的に注目された。また，1967年にはクラゲ飼育に成功しクラゲ工場が完成，今日におけるクラゲ展示のさきがけを作り，世界から注目された。繁殖個体数も927と，わが国で第2位の実績をもっている羽村市動物公園の203を大幅に上回る実績をもっている。稀少動物となっているタンチョウ，コウノトリ，トキも東京の動物園でその増殖技術が開発されたものである。その他，動物園では普通行わないクマを園内で人工的に冬眠させたことでも有名である。

展示方式についても古くからさまざまな試みを行ってきた。1928年には日本で最初に檻のないホッキョクグマの猛獣舎を導入した。最近では，2004年の中期計画「TOKYO ZOO PLAN21」によって，モモンガ，オオアリクイ，ナマケモノの行動展示を開始し，2005年には「市民ZOOネットワーク」からエンリッチメント大賞の特別賞を受賞している。

環境教育も熱心に行われてきた。隣接する不忍池を大都市の中にある生物多様性の池にすることを目指して整備し，タンチョウやオオワシを放つなどの試みも行っている。また，2005年2月には京都議定書が発効し，人類は地球の気候異変，温暖化防止に取り組まなければならなくなった。動物園・水族館も例外ではなく，展示方法も再検討が必要になってきた（小宮，2010，274ページ）。このような状況に対応するため上野動物園では，園内のアスファルトをはがしウッドチップ舗装に変え，平均5.5度，最大で11度下げるなど，温室ガス抑制のための環境動物園への試みも行われている。

子ども動物園や林間学校も早くから行われてきた。1943年には戦争中，逃亡の恐れから多くの動物が処分され，それらを少しでも補うための試みとして，1948年には子ども動物園と林間学校，サマースクールが開始されている。

2004年からは「動物園サポーター制度」が発足し，市民との連携の試みも開始されている。資料室には日本中の施設から送られてくる資料が蓄積され，一般の人々にも開放され，研究活動に利用されている。

このように，上野動物園はレジャー，研究，自然保護，種の保存，環境教育

など，そのすべてにわたって日本の動物園をリードしてきたのである(小宮，2010，参照)。先にも述べたように，動物の移動を禁止したワシントン条約に象徴されるような国際化の波の中で，日本の動物園も国際基準に適応した運営を余儀なくされている今日においては，目先の人気取りばかりに着目した短期的視点に立った運営は，長期的にみると日本の動物園そのものの存在も問われてしまうことになる。その意味においては，日本の動物園のリーダーとしての上野動物園は，今後も，世界的な動向を踏まえた多くの機能と運営を総合的に行うことによって，日本の動物園の指導的な役割を求められているのである。

２．飼育・繁殖活動に貢献する地方の動物園

　入園者数は際立って多くはないものの，動物の飼育・繁殖技術に関してみると優れた実績を有している地方の動物園も数多く存在する。図表6-1.はJAZAに加盟している公立動物園の繁殖個体数上位30施設の繁殖個体数と完全育成数を掲げたものである。

　動物の繁殖業務は動物園にとって最も重要な役割であり，動物園の誇りでもある。飼育されている動物は施設によって異なっており，繁殖個体数や完全成育数が必ずしも当該動物園の繁殖技術とイコールではない。また，長寿動物飼育数も，設立年度や飼育動物数によって大きく影響されるものであり，そのまま各施設の繁殖技術を反映したものとは言い切れない。とはいえ，おおよその繁殖技術の状況は推察できるのではないか。

　図表6-1.からみると，上野動物園は別格として，年間入園者数が上位を占めているわが国の動物園(上野，旭山，名古屋東山，大阪天王寺，市立よこはま，神戸王子，多摩，福岡，姫路，豊橋の各動物園)が必ずしも動物園の繁殖や飼育技術においても上位にランクインされてはいない。たとえば，入園者数上位10施設と繁殖個体数だけを取り上げ比較してみると，入園者数上位施設では，上野動物園は別格として，羽村市動物公園，広島市安佐動物公園，鹿児島市平川動物公園，埼玉県こども動物自然公園，宇部市常盤動物園，盛岡市動物公園など地方の動物園の多くが，入園者数上位を占める動物園をしのぐ形で上位にラ

第6章 持続可能な動物園にむけて

図表 6-1. 各動物園の繁殖個体数と完全成育数（2008 年度現在）

施設名	繁殖個体数	完全成育数
東京都恩賜上野動物園	927	286
羽村市動物公園	203	27
広島市安佐動物公園	149	61
鹿児島市平川動物公園	109	52
埼玉県こども動物自然公園	97	43
宇部市常盤遊園協会	84	40
盛岡市動物公園	83	68
日本モンキーセンター	78	37
東京都多摩動物公園	68	58
静岡市立日本平動物園	59	39
須坂市動物園	53	39
日立市かみね動物園	48	26
宮崎市フェニックス自然動物園	48	34
秋田市大森山動物園	47	28
札幌市円山動物園	41	15
川崎市夢見ケ崎動物公園	37	27
神戸市立王子動物園	36	16
秋吉台自然動物公園	35	22
釧路市動物園	34	26
大阪市天王寺動植物公園	32	15
千葉市動物公園	31	17
高知県立のいち動物公園	30	22
周南市徳山動物園	30	18
わんぱーくこうちアニマルランド	29	18
浜松市動物園	27	10
京都市動物園	27	19
海の中道海浜公園動物の森	26	26
高岡古城公園動物園	24	19
長野市茶臼山動物園	24	18
富山市ファミリーパーク	22	8

（出所）「日本動物園水族館協会年報（2008 年）」より抜粋し筆者作成

図表 6-2. 長寿動物を飼育している動物園上位 15 施設

施設名	長寿動物数
広島市安佐動物公園	37
大阪市天王寺動植物公園	35
高知県立のいち動物公園	19
東京都多摩動物公園	17
京都市動物園	15
鹿児島市平川動物公園	15
埼玉県こども動物自然公園	14
日立市かみね動物園	13
横浜市立金沢動物園	13
名古屋市東山動物園	13
東京都恩賜上野動物園	12
愛媛県立とべ動物園	12
福山市立動物園	12
静岡市立日本平動物園	11
久留米市鳥類センター	10

（出所） 図表6-1.と同じ

ンキングされていることがわかる。

　また，図表6-2.は長寿動物を飼育している動物園上位15施設を掲げたものである。これをみても，広島安佐動物公園，高知県立のいち動物公園，鹿児島市平川動物公園，埼玉県こども動物自然公園，日立かみね動物園，愛媛県とべ動物園など，多くの地方都市の動物園が上位にランクインされており，入園者数が上位にランクされていない地方の多くの動物園が優れた繁殖技術をもっていることがわかる。

　また，後に詳しく紹介するように，園スタッフの努力と国や企業，市民団体などの協力を受けて一定の入園者数を確保しながら，タンチョウやシマフクロウなど，絶滅寸前にある特定動物の保護にかけては世界最高水準の技術を有する地方の施設もある。

　釧路市動物園は平成15年に103,721人にしか過ぎなかった年間入園者数（有

料・無料合計）を，障害をもつアムールトラのタイガ・ココアが生まれた翌年には2倍近い199,225人に増加させたことで注目を浴びた動物園である（林，2009，参照）。公立動物園では多摩動物公園に次いで広い敷地面積を有しているものの，その半分は稀少動物保護地区のため非公開となっている。同施設は絶滅危惧種の保護に永年に渡って取り組んできた実績をもった動物園である。同施設では,「いのちとふれあい，いのちをつむぐ：何度でも来たくなる動物園」を基本理念として，動物を通じて自然のいとなみや命のつながりに気づき，地球環境への関心をはぐくむための動物園づくりを行っている。かつて3羽まで減少したタンチョウ（天然記念物）を人工給餌によって1,400羽にまで増加させたことで世界から注目されている。現在，北海道産のタンチョウは1952年に特別天然記念物に指定され，円山・旭山・釧路，そして釧路市動物園が貸与している台湾にしかみることのできない貴重な動物となっている。現在では絶滅危惧種であるシマフクロウの繁殖と保護を，国や企業などのサポートによって積極的に取り組んでいる。

3．青少年教育の役割の重要性

　動物園は，繁殖・研究・展示活動，野生動物の保護・救援活動といった役割と同様に，青少年の教育活動，都市の緑化，市民のゆとりの場の提供，地球環境・資源問題の実践の場，観光資源としての活用などさまざまな役割をもっている。これらの役割の中で意外に知られていないのが青少年の教育活動である。しかしながら，動物園はもともと青少年の教育の場として，博物館の1つとして位置づけられていた。依然として市の教育委員会や生涯学習課の管轄している施設も残されている。その意味では青少年の教育の場としての動物園の役割は忘れてはならない重要なものの1つである。これについては第10章で詳細に論じられることになるが，これを象徴するものが到津の森公園の再建のプロセスである。

　到津の森公園は旭山動物園の再建に大きく貢献した小菅前旭山動物園長に多大な影響を与えた動物園として知られている。それを象徴するように，到津の

森公園の館内には北海道の旭山動物園の様子をみることができる大きなTVモニターが設置されている。

同施設は，西鉄の前身である九州電気軌道が1932年に設立したもので，1969年には79万人の最高の入園者を記録した。その後は，年々入園者を減少させ，採算ラインの60万人を，そして1995年には40万人を割り，毎年3億円の赤字を出してしまうことになる。このような状況に対して1998年，西鉄が閉園を発表し，2000年には閉園してしまうことになる。ところが，西鉄による閉園発表後，地域住民による動物園の存続運動が展開され，26万人の署名が集められた。市民アンケートでも80％を超える市民が存続を望んでいた。これを受けた形で北九州市が買い取り，2002年4月に新しい「到津の森公園」が発足した。これを可能にしたのが市民の支援活動であった。

閉園以来2001年度までに計5,200万円を超す寄付と，ラッピング・バスや餌となる肉などが市民から寄せられた。また，青年会議所のメンバーも市場で余った餌用の野菜を自前で運んでくるなど，署名だけでなく多くの市民が到津の森公園の再建に手を貸してくれたのである。

開園した2002年度は，5,000万円の黒字を出し，以後も3年続けて黒字を記録した。このような市民の力は戦前から地道に続けられてきた林間学園によるものが大きかったといわれている。北九州市郊外で過ごした少年たちにとって遠足といえば「到津遊園」であり，その時の想いが到津の再生につながった，といわれている（小菅・岩野著，島編，2006，164ページ）。どこの地域でも動物園の母体が「やめます」といったら，市民も「ああそうですか」だけで終わるのに対して北九州では「到津を閉めるのは許さんぞ」と立ち上がったのである（小菅・岩野著，島編，2006，186-187ページ）。

このように，青少年教育という動物園の役割の重要性は短期的には形には表れにくいため，一般の人々には知られにくいものであるものの，長期的視点からみるときわめて大きな役割を果たすものである。このような青少年の教育活動は多くの動物園で積極的に行われている。長野市茶臼山動物園もその1つである。

長野市茶臼山動物園は，1983年に開園した動物園である。JR長野駅から車

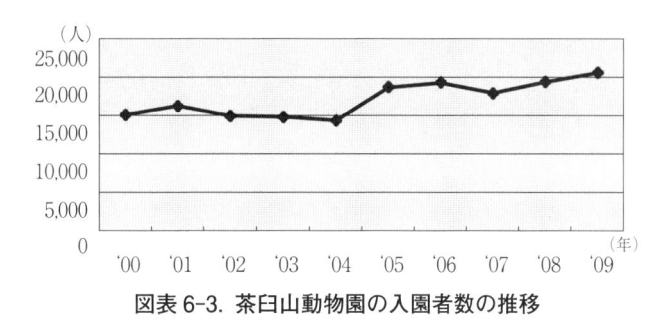

第6章 持続可能な動物園にむけて

図表 6-3. 茶臼山動物園の入園者数の推移

（出所） 茶臼山動物園提供資料より作成

で30分，人口約38万人の長野市郊外の山腹に位置している．15ヘクタールの敷地内に61種，324点の動物が飼育されている．管理主体は長野市開発公社である．園長以下，2人の獣医師を含む23名の飼育スタッフと，技師，売店など8名，計32名（14名は嘱託と臨時職員）のスタッフによって運営されている．そこでは，ゾウやトラ，チンパンジーなどの動物園の人気者のほか，地域に生息するカモシカやツキノワグマなどの動物が，生息地を思わせる山の斜面を効果的に利用して飼育されている．

多様な鳥たちが混在するフライング・ゲージや子ども動物園もあり，城山分園と合わせると長野県を代表する規模を誇る動物園である．最近では，茶臼山動物園のレッサーパンダの森が，日本経済新聞が特集した「動物の生態がよくわかる動物園ランキング」（2011年4月23日付朝刊）に，天王寺動物園のアフリカサバンナゾーン，旭山動物園のアザラシ館に次いで第3位にランクされるなど，多くの注目を浴び始めている．しかしながら，同施設は立地条件や管理運営上の問題など，さまざまな課題を抱えている．

茶臼山動物園は，山頂付近に立地しているにもかかわらず公共バス路線がまったくないため，タクシーか自家用車を利用する以外にアクセスの方法がまったくなく，子どもたちが気軽にでかけることができないだけでなく，ボランティアの人々の協力も望めない状態である．加えて，かつて大規模な山崩れがあった箇所に隣接しているため施設の拡充・工事も難しい状況にある．

競合施設との関係も入園者を集める上で問題となる。県によっては新潟県のように動物園がまったくないという状況もある中で，長野県には，隣の須坂市動物園のほか，JAZAに加盟している4つの動物園が存在するため，遠隔地からの集客が難しいという問題である。

　管理運営上の問題も重要である。長野市では5年毎に指定管理業者の見直しと選定が行われている。そのため，10年毎に選定が行われる東京都や30年毎に行われている岐阜県世界淡水魚水族館のような長期ビジョンが立てにくいという課題を抱えている。マスコミ対応も市の公園緑地課が一括して行っているため，生きた情報が発信しにくい，という点もある。このようなさまざまな課題を抱えているものの，休園日の廃止，展示動物の拡大，インターネットによる動画配信の導入(2010年4月)，女性飼育員の積極的採用(正規職員23名中7名が女性)，などによって，隣接する須坂市動物園のような派手さはないものの，1999年度を100とした2008年度の指数では全国ベスト10にランクインされ，

図表6-4. 茶臼山動物園で実施された青少年のための教育関連事業

月日	事業内容	月日	事業内容
4.19	春の動物園まつり(〜20)	14	ファミリーウォークラリー
	アニマルフォトコンテスト(〜5.8, 17)	15	植物園イベント「アレンジ挿し木教室」
25	造形作家松原弘己個展(〜5.6, 27)	22	動物園裏側探検隊
26	写生大会(〜27)	28	講演「動物の子育てから学ぶ」
	動物園裏側探検隊	29	「オランウータンにダンボールハウスのプレゼント」
27	アズマヒキガエルのカエル合戦観察会，田植え体験	7. 1	動物愛護標語募集(〜31)
5.11	カエルサポーターイベント「カエルを呼ぼう! 田植体験」	2	職場体験学習(屋代中学校)
15	講演「動物の子育てに学ぶ」	8	博物館実習(北里大)
17	移動動物園(南長野運動公園)(〜18)		職場体験学習(飯綱中学校)
21	写生大会審査会	9	職場体験学習(松本開成中学校)
24	動物園裏側探検隊		飼育実習(国際ペットワールド)(〜20)
25	教職員対象の動物園ガイド	15	職場見学(筑北中学校)
6. 3	篠ノ井公民館成人学級「植物歳時記」	20	カメ展(〜8.8, 31)
		23	飼育実習(国際ペットワールド)
8	カエル勉強会	26	動物裏側探検隊

第6章 持続可能な動物園にむけて

月日	事業内容
28	写生大会表彰式
	インターンシップ（北部高校）
30	職場体験学習（戸隠中学校）
8.1	写生大会入賞作品展示（～8.15）
	実習（日本大学獣医学科）（～3）
	動物愛護標語審査会
2	びんずる　カエルサポーター参加
3	「動物たちに氷のプレゼント」
	「光に集まる昆虫たち」
4	実習（日本大学動物資源学科）
	（日本大学森林資源科学科）（～10）
5	サマースクール「君も1日飼育係」（～6）
7	インターンシップ（松代高校）
	サマーナイトZOO in 茶臼山（～8.16）
10	インターンシップ（須坂商業高校）（～11）
	実習（日本大学動物資源科学科）（～18）
13	実習（岐阜大学獣医学科）（～9.1）
18	職場体験学習（信里中学校）（～20）
19	実習（麻布大学動物応用科学科）（～29）
20	動物の秘密にせまり隊（～29）
24	職場体験学習（筑北中学校）（～27）
26	博物館実習（麻布大学動物応用科学科）（～8）
30	実習（宇都宮大学生物生産科学科）（～5）
9.1	実習（東京コミュニケーションアート専門学校）（～15）
8	アニマルフォトコンテスト審査会
18	移動動物園（市立博物館）
23	動物裏側探検隊
27	大人のための飼育体験
28	フォトコンテスト入賞作品展示（10.1～15）
10.1	職場体験学習（更埴西中学校）（～9）
8	職場体験学習（戸倉上山田中学校）（～9）
	職場体験学習（櫻ヶ岡中学校）（～17）
16	秋の動物園まつり（～19）

月日	事業内容
18	職場体験学習（篠ノ井東中学校）（～23）
21	職場体験学習（更北中学校）（～23）
22	職場体験学習（稲荷山養護学校）（～24）
	動物園裏側探検隊
25	職場体験学習（信州新町中学校）
29	職場体験学習（鬼無里中学校）
31	職場体験学習（中条中学校）
11.5	職場体験学習（豊野中学校）（～7）
6	移動動物園（篠ノ井アスペース）
8	職場体験学習（大岡中学校）
13	「2009 年賀状記念撮影」
22	動物園裏側探検隊
	動物工作会「シカの骨でキーホルダーを作ろう」
23	動物の秘密にせまり隊「動物のうんち洗ってみませんか」
30	移動動物園（戸隠裾花ディサービス）
12.3	動物園裏側探検隊
13	動物工作会「蜜蝋ろうそくを作ろう」
14	クリスマスイベント
1.1	動物園裏側探検隊
	お正月イベント（1～3）
24	動物工作会「おもちゃを作っておサルさんへプレゼント」
25	ボランティア受け入れ（長野南高校）
2.1	探鳥会（恐竜公園）
8	ボランティア受け入れ（長野南高校）
15	ボランティア受け入れ（長野南高校）
22	ボランティア受け入れ（長野南高校）
	動物の秘密にせまり隊「ゾウさんに雪だるまのプレゼント」
28	動物園裏側探検隊
3.19	写真展（ながのの東急）（～4.1）
20	皆神山クロサンショウ池観察会
28	動物園裏側探検隊

（出所）　「長野市動物園年報平成20年度版」より抜粋して作成

地道ながら着実に入園者数を獲得してきたのである。

　山々に囲まれ，海がまったくなく，平野も少なく，交通の便にも恵まれてこなかった長野県は，古くから青少年教育には最も力を注いできた。東京，京都，大阪などの大都市に続いて設立された小諸動物園(1926年)や，人口が少ない割には5つの動物園が県下に設置されているという現状も動物園に対する教育効果を期待したものである，と考えられる。

　長野県の動物園では平日の主役は子どもたちである。隣の須坂市動物園には幼稚園の子どもたちが，環境教育の一環として訪れ，ビニール袋を手にごみ拾いを行いながら帰っていく姿をみることができる。茶臼山動物園でも青少年に対する教育活動がより広範な形で行われている。

　図表6-4.は，茶臼山動物園が行っている青少年のための教育関連事業を，同施設が毎年発行している「動物園年報平成20年度版」から抜粋して掲げたものである。これをみると，同施設では20人程度の飼育スタッフによって年間100日余りに渡って青少年教育事業が日々行われていることがわかる。

　2007年度の大学からの実習生の受け入れについてみると，北里大学，日本大学，岐阜大学，宇都宮大学，麻布大学など県外5大学・7学科から12名の実習生を受け入れてきた。高等学校からのインターンシップ・就業体験・アルバイトの受け入れも継続的に行われ，松代高校，須坂商業など6校から26名を受け入れている。中学校からの職場体験などの受け入れについてみると，松本開成，戸倉上山田中学など市外の中学を含む23中学から113名を受け入れている。

　その他，小学生を対象とした動物飼い方教室，写生大会など，さまざまなイベントも3月を除いて毎月，連日のように行われている。また，世界36カ国で実施されている障害者のための「ドリーム・アット・ザ・ズー」を2010年より実施するなど，世界の先進的試みもいち早く取り入れている。

　このような積極的な活動は，教育県としての長野県の考え方や，飼育員出身の須田哲園長の動物園に対する姿勢や熱意が反映されたものである，と考えられるが，これらの活動は参加した人々以外，ほとんどの市民には知られていないのが現状である。

Ⅲ．経営ビジョンの策定と市民との共有

1．各施設で進められてきた基本構想の構築

　施設の新設や改装，展示方法の変更などといった目にみえるものと異なって，青少年の教育活動や研究活動など，動物園の役割の多くは，それらの重要性とは裏腹に，マスメディアに取り上げられることがないだけでなく，その成果もすぐには表れないため，一般市民にはなかなか理解を得ることが難しく，市民の支持や協力が得にくいものである。また，民間企業と異なり，組織体だけでの独自の意思決定ができない公立動物園においては，市当局や市民の同意なくしては動物園の長期的な方向づけも不可能である。したがって動物園は，それぞれの施設の基本構想・理念やレーゾンデートル（組織の存在価値・意義や使命），組織の長期目標などを明確化するとともに，それを実現するための中・短期戦略を構築し，組織関係者に共有してもらうことが必要になる。

　多くの公立動物園が期限付きの管理委託によって運営されているため，長期的な戦略を立てにくいという状況も考慮すれば，市当局を巻き込んだ長期的ビジョンの構築は，長期的視点に立った持続可能な動物園運営を目指すと同時に，社会，顧客，組織成員の3者に対する動物園への求心力を高めることを可能にするきわめて重要な役割をもっている。

　このような視点から多くの動物園は，すでに経営ビジョンを構築・公表しはじめている。図表6-5.は，それぞれの施設の資料をもとに筆者が作成したものである。秋田市大森山動物園の事例からそれらの内容を詳しくみてみよう。

2．秋田市大森山自然動物公園の基本構想

　秋田市大森山動物園は，JR秋田駅より南西約7kmに位置し，1953年4月，「秋田市児童動物園」として発足，1973年，標高123mの大森山に「秋田市大森山動物園」として開園した。総面積は150,070m^2，飼育動物：115種，514点，中国から送られたフタコブラクダや，「義足のキリンたいよう」の話題で注目された。2008年には開園以後入園者数840万人を達成した伝統のある動物園で

図表 6-5. 各動物園の経営ビジョンの概要

施設名	概　　要
天王寺動物園 (1993年)	① 市民の憩いの場, ② 生物教育・社会教育の場, 環境教育の場, ③ 野生動物の飼育や繁殖, などの研究の場, ④ 種の保存と自然保護の場, ⑤ 自然に親しむことのきっかけの場を提供
到津の森公園 (2000年)	① 自然環境教育, ② 市民や企業が支える自然の森公園, ③ 効率的な運営, ④ 県と連携した公園の整備
富山市ファミリーパーク条例 (2005年4月)	① 動物に関する知識の普及, ② 動物の展示および動物についての調査研究, ③ 野外レクリエーションなどのための施設の併用, ④ その他, 同施設の設置目的を達成するために必要な事業
秋田市大森山自然動物公園 (2009年12月)	① 自然環境の保全, ② 市民との協働, ③ 資源環境保護, ④ 人間形成の場, ⑤ 観光拠点
円山動物園 (2008年)	① 環境教育の拠点, ② 生物多様性の確保の基地, ③ 多様なメッセージを発信するメディア
いしかわ動物園 (2009年)	① レクリエーションの場, ② 教育普及活動, ③ 動物福祉・種の保存(研究), ④ 自然保護への貢献
加茂水族館 (2009年)	① 生涯教育, ② 調査研究の拠点, ③ 人々の交流の拠点(地域から世界への発信の場)
釧路市動物園 (2009年)	① いのちの大切さを教える, ② 環境保全の大切さを教える, ③ 感動と発見のある動物園, ④ 誰もが楽しめる動物園
仙台市八木山動物園 (2009年)	基本理念「人と動物が触れ合う, 杜の都の魅力ある動物園」 基本方針　① 人と動物が快適に過ごせる動物園づくり, ② 動物が身近に感じられる動物園づくり, ③ 街づくりと提携した魅力ある動物園づくり

(出所)　各施設のホームページと筆者が入手した資料から抜粋して作成。

ある。

　職員数 45 名(内, 嘱託 12 名, パート 1 名), 管理・運営は指定管理業者ではなく秋田市(商工部)が直営で行っている。

　開園以後, 他の動物園と同様に, ゾウとキリンの展示を行った一時期には人気を取り戻すものの, 入園者数が 1990 年の後半まで減少を続けてきた。しかしながら, 独自な取り組みや工夫によって, その後は減少が食い止められ, 2005 年『日経トレンディ』「全国動物園ビックリ度格付け」で旭山, 上野, 多摩動物園についでわが国第 4 位にランクインされ, 注目された。

　しかしながら, 周辺のトイレが水洗化されていない上に, 動物園の飼育展示

施設は手狭な上に老朽化が著しく，抜本的な整備が必要になっていた。このような中で，2006年，「秋田市大森山動物園条例」が制定され，新しい動物園の在り方が市全体で見直されることになった。次いで2009年3月には「大森山自然動物公園整備構想(20年構想)」が作成された。

これらの条例と構想では，新しい動物園の在り方やビジョンが理論的かつ明確に定められ，それらを実現するための中・長期計画もきわめて具体的に述べられている。

大森山動物園長である小松守氏は，新しい動物園の在り方について9つの提言を行っている(小松，2008，10ページ)。

① 位置づけを明確にする。
② 個性が必要，独自の情報発信をする。
③ 地域の人々に愛される動物園。
④ 新しい来園者層の発掘も鍵。
⑤ 命を伝える動物園。
⑥ 多くの人々をひきつけるための工夫。
⑦ リピーターを増やす環境づくり。
⑧ 動物を飼う本質を忘れるな。
⑨ 地域の生物と係わろう。

これらの提言は，「動物園はサービス産業であり，動物園にもマーケティングが必要である」という小松園長の考え方に根ざしたものであった。①の位置づけを明確化することの重要性は，「秋田市大森山動物園条例」の制定によって具体化されている。②の「動物園の個性，独自な情報発信の必要性」については，「情報とは動物園の情(こころ)」であり，それぞれの動物がもつ個性を生かす展示をすることが必要である，としている。③と④に関しては中・高年齢者を対象としたナイト・ジャズ・コンサートの実施や年間パスポートの発行などの形で具体化されている。⑤の「命を伝える動物園」の重要性は，足を骨折したキリンの「たいよう」に義足をつけてやったことによって日本中の多くの人々の反響があった同施設の経験から生まれたものである。⑧と⑨は，「動物園のプライド

である」最も大切な活動であり，大森山動物園が行ってきた絶滅危惧種であるニホンイヌワシの巣立ちの成功などの繁殖技術の蓄積や，ゼニタナゴの保全活動という形で具体化されている。

　大森山自然動物公園整備構想は，動物園だけでなく，周辺の公園全体を取り込んだ総合的な構想である。そこでは，公園内のゾーンとエリアの利用方法，エントランスやアクセス計画，老朽化した公園や動物展示施設の整備計画，石油に代わる新エネルギーの導入計画などのハードウェアの整備のほか，プロモーションの仕方，集客ターゲット，維持管理方法とマネジメントの改善計画，木材や動物の糞の堆肥化などの低酸素化への取り組み，PPP（パブリック・プライベート・パートナーシップ）の取り組みなど，ソフト面の取り組み計画も詳細に検討されている。具体的には「自然と調和し，市民とともに成長し続ける公園づくり」というコンセプトに基づいて「自然」，「観光」，「教育」，「環境」，「協働」という5つ整備計画が予定されている。

① 公園内の湖沼の環境保全などによる，自然とともに息づく動物園の再整備
② パノラマ展望台の整備と公園のアート化などによって新たな魅力による観光拠点として再生すること
③ 地域の稀少生物であるゼニタナゴのビオトープ，飼料作物の栽培と給餌施設の整備によって豊かな人間形成に資する体験学習の場の創出
④ 堆肥化施設や新エネルギーシステムの導入などによって資源循環システムの構築とエコロジーへの挑戦を行うこと
⑤ 市民，企業，学校などの協働による動物ガイド体制の構築などによって市民や企業との共同により成長し続けるつながりを構築すること

　これらの構想の実現によって，大森山動物園では，動物園年間入園者数35万人（公園全体で70万人）をめざしている。

　以上，本章では持続可能な動物園の運営を行うためのさまざまな取り組みについての全体的な課題を論じてきた。次章では，動物園を外部から支援する企業，NPO，大学，市民などとの組織間関係に焦点をあて，より詳細な考察を

行っていく。

引用・参考文献

小菅正夫・岩野俊郎著,島泰三編(2006)『戦う動物園』中公新書
小松守(2007)「文化資本としての動物園:その活性化を探る」(財)東北活性化センター『IVICT 情報』第 79 巻 2007 年 7 月号
小松守(2008)「魅力ある動物園づくりを目指して」『あきた経済』
小宮輝之(2010)『物語上野動物園の歴史』中公新書
長野市茶臼山動物園「長野市動物園年報平成 20 年度版」
林るみ(2009)『タイガとココア:障害をもつアムールトラの命の記録』朝日新聞出版
渡辺守雄ほか(2000)『動物園というメディア』青弓社
Pringle, L. (1989) *The Animal Rights Controversy*, Harcourt Childrens Books.(田邉治子訳(1995)『動物に権利はあるか』日本放送出版協会)

第7章 動物園の組織間関係

I．動物園と企業やNPO

　一般に動物園は，教育的配慮に基づき生きた動物を収集飼育し市民に展示しながら，種の保存や環境教育，さらには調査研究やレクリエーションに関する事業を行う機関とされている。こうした目的をもつ動物園や水族館を1つの組織と考えると，所期の目的を達成するためには外部の多くの研究機関，関係企業，行政機関，NPO団体，などと連携することが必要である。さらには第9章で述べる動物園にとって最も重要な地域との連携というテーマもある。

　もともと動物園や水族館の多くは公立であり自治体からの予算で運営されている。しかし多くの自治体が動物園に配分する予算は削減される傾向にある。こうした財政事情のなかで動物園が，本来の使命として考えるサービスを低下させないようにするためには企業やNPOや地域（市民）等と連携しながら事業を進めるしかない。実際に天王寺動物園，円山動物園，旭山動物園，釧路市動物園，須坂市動物園などは企業やNPOとの協働で大きな成果をあげている。

　この章では，まず動物園と企業との連携について議論する。動物園と企業の間にはどのようなタイプの連携が考えられるか，またどのような理由で連携が形成され，結果としてどのような成果が生まれるかについて検討する。つぎに動物園とNPOとの連携について議論する。動物園にとってNPOが果たす役割について考えながら，動物園とNPOの関係のいくつかのタイプについて事例をもとに考えることにする。

Ⅱ．動物園を取り巻く組織

1．動物園のステイクホルダー

　企業組織や行政組織，さらには非営利組織と同じく，動物園もさまざまな組織との相互関係のなかで活動している。図表7-1.は動物園を取り巻くステイクホルダーを図式化したものである。まず日本の動物園は公立動物園（全体の75％）が多いこともあり，都道府県や市町村など地方自治体が影響を及ぼす比重が非常に高い。管轄も建設局の都市開発課や公園緑地部，あるいは観光課が所管しているケースが多い。教育委員会生涯学習部が所轄というケースもみられる。そして県や市の財政状況が益々厳しくなるなかで，動物園に対する予算がカットされ職員が削減される動物園も多い。さらに動物園の園長や管理部門には市や県の職員が異動になる場合も多い。動物園の設備の修理や整備，新しい事業展開，新規職員の採用など，いずれをとってみても管轄する行政との調整が必要になる。このように行政は，動物園にとって最も影響を受けるステイクホルダーである。

　民間企業をはじめとする経済界やさまざまな形で動物園をサポートするNPOもまた重要なステイクホルダーである。企業やNPOが動物園とどのように関係しているかについては，2項以降で詳細に検討する。続いて大学や研究機関とは，飼育繁殖技術についての研究交流，動物学や生命教育についての調査研究，さらに職員の採用や育成など生物多様性の確保に関わる分野で密接に関係している。さらに絶滅危惧種や稀少動物の保護などに関わる活動を行っている国際機関とも関係が深い。また動物園収入の大半を占める入場料を払い，動物の行動を学び，子育てを学び，憩いの場を楽しむ入園者は，動物園にとって最も重要なステイクホルダーである。そして動物園を取り巻く市民・地域も今後ますます重要な機能を果たすステイクホルダーになると思われる。

　さらに全国のほとんどの動物園や水族館は，(公社)日本動物園水族館協会に加盟している。2012年4月20日現在の会員数は，動物園が86園，水族館が65館の計151園館である。種の保存，教育・環境教育，調査研究，レクリエ

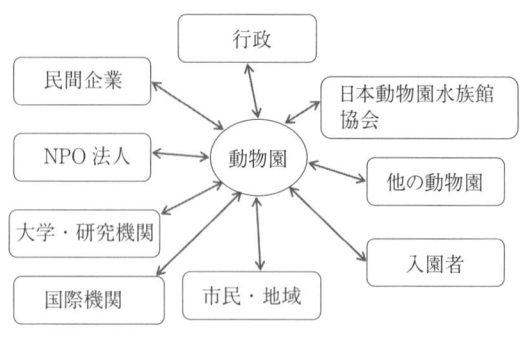

図表 7-1. 動物園を取り巻く組織 (筆者作成)

ーションという4つの目標をもとに単独の動物園や水族館ではできないことを協力し合うことで実行している。また他の動物園や水族館とは，繁殖飼育技術の相互学習，展示方法の学習，マネジメントや人材育成などについての情報交換など活発な交流がある。このように動物園を取り巻く組織間関係は多層的でありネットワーク的な関係にある。本章では，こうした組織間関係のなかでも特に注目されるようになってきた動物園と企業との関係，そして動物園とNPOとの関係について考えることにする。

２．動物園と企業との関係

もともと動物園は社会的閉鎖環境にあったといえる。貴重な野生生物を展示し飼育目的に限定して独占的に使用してきた(石田戩, 2010)。外部との連携を考えなくても動物園の運営は可能であった。しかし公営動物園の場合は県や市からの公的補助が削減され，私立動物園においても入園料収入だけで経営を維持するには限界があることも明らかになりつつある。こうした中で動物園をめぐる規制が緩和され，民間の活力を利用することの是非が議論の俎上に上がることも多くなっている。こうした傾向の中で，最近の動物園や水族館の再生計画の中には，民間企業のアイデアを活用する道を探り，動物園と企業が協働することで新しいブランドの構築や動物園戦略を策定しようという動きもみられる。

第7章　動物園の組織間関係

(1) 支援型連携のタイプ

　動物園と企業との連携は，大別すると以下の3つに分けることができる。第1は支援型連携であり企業からの寄付や人材派遣などが考えられる。寄付については，施設整備や動物の餌代の寄付などが考えられる。また企業ボランティアを含む人材の派遣という関係もある。この場合は，企業はあくまでチャリティとして動物園に関わり，直接的な見返りは期待しない。こうした支援型連携のケースとして，札幌円山動物園と札幌トヨペットの間で進められているグリーン＆クリーンプロジェクトを紹介する。

　2006年を契機に円山動物園は，大規模な変革を行ってきたが，このグリーン＆クリーンプロジェクトもその一環であり，2008年4月にスタートしている(佐々木他，2009)。グリーン＆クリーンプロジェクトは，円山動物園のホッキョクグマの自然繁殖を応援する札幌トヨペットのチャリティ活動である。具体的には，プリウス1台成約ごとに1万円，そして試乗1回ごとに100円を札幌トヨペットが積み立て，その積立金を絶滅の危機にあるホッキョクグマの自然繁殖を応援する目的に活用するというプロジェクトである。2008年10月には，ララの出産に備えての防音工事や赤外線サーモカメラを円山動物園に寄贈している。また2011年2月には，新たな繁殖を目指し全国8動物園が協力してホッキョクグマの大移動が行われたが，その輸送費の一部を札幌トヨペットが支援している。それ以外にもクイズラリーやホッキョクグマ舎前での写真撮影用フォトパネルの設置なども行われている。

　こうしたチャリティ寄付型の連携は，規模の大小はあるにせよ多くの動物園で行われている。連携のポイントは，動物園の目的である種の保存，教育・環境教育，調査・研究，そしてレクリエーションという4つに適合した連携であるかどうかという点である。言うまでもなく円山動物園と札幌トヨペットによるグリーン＆クリーンプロジェクトは，種の保存を目的にしたプロジェクトである。

　円山動物園の改革を主導した金澤信治元園長は，新しい動物園の基本構想として「わたしの動物園」という視点を強く打ち出している。そしてアニマルファ

ミリー制度をもとに動物園と入園者の関係性を変えていくこと，市民参加やボランティアをもとに市民が主役の動物園に変えていくこと，さらに市民・企業・大学・研究機関とのさまざまな連携を模索すること，などの提案を行っている。いわば市民参加の動物園構想である。そして外部組織と連携するときのポイントとして，共存共栄を求めるパートナーという相互の関係性を重視している。この基本構想は，動物園の組織間関係を考える上での重要なポイントを明示している。金澤元園長は連携のイメージについてつぎのように語っている。

「連携というのは，大学と動物園でもいいし，企業と動物園でもいいですけど，原型というのは一般的に動物園が儲かる仕組みを考えるわけですよ。これでは絶対に続かない。一回限りです。そうではなくて，薄利多売ではないけれど，お互いが共存できる仕組みを考えれば長続きする，持続できる，というふうにする。たとえば『お金100万円出します』と言ったら，『いや，今100万円要らないから10万円ずつ10回くださいよ』『50万ずつ2回ください』という仕掛けを直接話して，『お互いに無理をしないようにしましょう』といって，こういう1対1の関係をさらに横に繫いでいく。そうしたら，このネットワークが地図的にできてきて，お客さんがお客さんを呼んで，企業が企業を呼ぶ状態になってきて，円山動物園を1つのシンボルとして，それにお互いがうまく寄りあう仕掛けがだんだんとできてきた」(円山動物園元園長，金澤信治氏インタビュー，2010年2月5日より)。

連携先の企業にとっては，チャリティ寄付型の連携は本業を離れた社会貢献の色彩が強い場合も多い。事業を離れたところでの寄付を行うというタイプである。しかし札幌トヨペットのケースは，単に寄付的活動を行っているというよりも，本業を通じてCSR経営を行っていると考えられる。たとえば，このグリーン＆クリーンプロジェクトによって，2008年のハイブリッドカーの普及台数の伸びは全国を大きく上回る成果をあげている。そして地球温暖化問題とハイブリッドカーの普及を目的とする一連の活動が認められ，経済産業省北海道経済産業局から「2008年度エネルギー開発・利用・普及優良事業者北海道経済産業局長」を受賞している。さらにグリーン＆クリーンプロジェクト以外

にも，これまでに数多くの社会貢献活動を行ってきている。たとえば創業期から社会福祉施設や交通安全関係団体に自動車を寄贈する活動を続けている。また自然環境保護のためアルミ缶回収を行うなかで，創立50周年記念事業として収益金100万円を自然保護団体に寄付している。最近では車椅子10台を札幌市に寄贈している。

(2) 相互取引型連携のタイプ

　第2は相互取引型連携であり，営業への参加や広告や協賛などが考えられる。園内に飲食施設や物販施設を出店するという営業への参加のケース，動物園のWebサイトに企業のバナー広告を載せるケース，園内の案内マップや動物解説ボードに広告を出すというケース，さらには各種イベントのスポンサーや獣舎をはじめとする園内施設に自社製品を提供するケース，企業の広報誌やWebに動物園特集を組むケースなどが考えられる。こうした相互取引型連携のケースとして上野動物園と協賛企業による園内サイン整備事業をあげることにする。

　上野動物園は，2012年7月から東京動物園協会と(株)キッズプロモーションと共同でサイン整備事業をスタートしている。このサイン整備事業というのは，園内の案内・誘導サインを動物園らしい統一感のあるデザインに更新するという事業である。具体的には，園内の動物解説ボードに企業広告を掲示するかわりに，その広告料によって案内・誘導サインを整備するという仕組みである。来園者の増加による園内の環境整備のために，民間企業から協賛金を募りながら，この資金を活用し園内サインの更新を進めることが目的である。これまでにジャイアントパンダ舎前(講談社協賛)，キリン・オカピ舎前(キリンビール協賛)，ゾウ舎前(キヤノンマーケティングジャパン協賛)，ゴリラ舎前(ENEOS協賛)，カバ舎前(カバヤ食品協賛)，ワシ・タカ舎前(ベネッセコーポレーション協賛)の動物解説ボードに企業広告を出し，その広告掲載料で西園，正門，ゾウ放飼場前，オカピ舎前，ドール舎前の案内誘導サインを整備している。

　こうした相互取引型連携の場合，動物園側は広告料収入で園内の環境整備を

進めることができる。また企業側としても広告料を支払う見返りに企業広告を通じた企業イメージの向上というメリットを得ることができる。ある程度の広告料を出せば恒常的に広告効果が期待できることもあり，多くの動物園でもこうした事業が行われるようになった。しかし動物園としては，企業広告が入園者に対して必要な情報の提供であることを前提に考え，園内での企業広告を出すのにふさわしい企業かどうかを評価することも必要である。たとえば，消費者保護の視点，青少年保護の視点，公正な競争規約などの広告基準を明確にしておく必要がある。

(3) 協働型連携のタイプ

　第3は協働型連携であり，商品の共同開発や協働事業，さらには共同ブランド構築などが考えられる。動物園と民間企業がそれぞれの資源を相互に補完しながら新しいイベントを企画し，新しい動物園グッズを開発し，動物園のなかで新しい事業を企画実行するといった試みである。こうした協働型連携にまで至っているケースは多くはないが，今後ますます増えていくと思われる。協働型連携の最も典型的なケースとして，まず生態的展示を工夫し企業や地域との連携を推進してきた大阪市天王寺動物園の事例をあげることができる

　2015年に開園100周年を迎える天王寺動物園は，生態的展示(ランドスケープイマジネーション)という手法を日本で最初に採用した動物園である。1990年からアメリカで始まっていたこの手法の研究を始め，1995年に公開された爬虫類生態館で初めてこの手法を採用している。そして1997年以降，カバ舎，サイ舎，草食動物エリア，肉食動物エリアなどでもこの手法を採用し，現在ではアフリカサバンナゾーンすべてにわたっている。

　また天王寺動物園は，2007年6月宮下実元園長の時代に，民間企業やNPOから提案を募りながら，企業と動物園の双方にメリットある事業の創出を目指すビジネスパートナー制度を実施している。この制度は動物園としては初めての試みであり，多くの反響を呼んだ。もともとは天王寺動物園が大阪市経済局中小・ベンチャー企業支援施設や大阪産業創造館を通じて企業や団体に呼びか

けたものである。

　宮下元園長は，講演等を通じて環境教育の拠点としての動物園の役割を強調しながら，賛同する企業やNPOを募ったところ150以上の企業・NPOから関心をもってもらうことができた。そして95の企業やNPOから出された122件のアイデアや提案のなかから，以下の3つの採択条件に合う7件を選び実行に移している。採択条件は，動物園からの支出が一切ないこと，動物園の魅力の向上につながること，結果として提案企業の利益につながることの3つであり，提案企業にとっては厳しい条件であった。しかし7件の提案は，動物園が単に動物をみせるだけの施設から，企業，NPO，市民と協働する施設へと変わっていくことを暗示するような提案ばかりであった。

　たとえば天王寺動物園は，(株)ウーマンライフ新聞社と協働することで，年6回天王寺動物園情報誌Togetherというフリーペーパーを10万部発行している。天王寺動物園が記事のコンテンツを提供した後は，新聞社が無料で編集印刷を行い，市内4カ所に設置場所を提供してくれている。また(株)テクノロジーネットワークス(ZAQ)と協働することで，天王寺動物園専用のホームページの一部にあるイベントサイトZOO×ZAQの運営が行われている。また動物園と企業が共同でオリジナルキャラクターグッズを開発するという動きもみられる。たとえば天王寺動物園で一番人気のホッキョクグマ「ゴーゴ」のオリジナルグッズを(株)インタースタイルと共同で開発し販売している。具体的には，ペットボトルをリサイクルしたエコ繊維のバッグや，タオルにゴーゴのイラストを描いた商品を開発している。そして売り上げの2割が天王寺動物園に還元される仕組みになっている。

　また動物園内での英会話教室の運営に関しては，ナンノ＆カンパニーが園内で実験的に子ども向けの英語イベントを行っている。動物を組み立てる工作キットの開発に関しては，城東紙器が企画したコアラ，カバ，キリンなど6種類の紙製工作キットがすでに園内の売店で販売され人気を集めている。牛乳パックをリサイクルした段ボール素材で，動物園が掲げる環境教育の理念にも合致している点も評価された。その他天王寺動物園オリジナル木製おもちゃの開発

や動物園をテーマにした絵葉書・絵画コンクールなども採択されている。

いずれの企業も大阪の中堅・ベンチャー企業であり，動物園と協働することで新しい販売チャネルが生まれ企業の信用度も高まることになる。また動物園側も民間企業の知恵を活かしながら，さらに資金面での負担を軽減することにつながる。天王寺動物園が民間企業と先進的な連携ができる理由として牧(2009)は，①地域に根差した企業の存在，②地元で愛されてきた動物園の存在感，③動物園の積極的な協力姿勢，④さまざまなアイデアを受け入れる懐の深さ，の4つを挙げている。

天王寺動物園は，企業との連携を最も積極的に進めている公立動物園の1つであるが，将来ビジョンとして「動物園は単に動物をみせる施設から，地球環境を考え，さらにそれを進めて市民，企業，NPOと連携共同していく施設に代わってきました。100周年に向けても新たなチャレンジを続け，より一層魅力ある動物園にしていきたいと考えています」（文部科学省パンフレット「博物館：これからの博物館」）という方向性を打ち出しながら，動物園の新しいミッションを示している。

こうしたグッズの開発や共同事業などの協働タイプをさらに進化させ，動物園と共同でブランド戦略を立案し，そのブランド戦略をもとにロゴやシンボルマーク，キャラクターのデザインを企画する戦略パートナー企業を募集するという動きも出始めてきた。名古屋東山動植物園のブランド戦略パートナー事業はその一例である。

2010年のCOP10（国連生物多様性条約第10回締約国会議）の開催を契機に，開催都市であった名古屋では生物多様性の保全や再生に向けた愛知戦略が定められた。その動きに呼応する形で，東山動植物園でも2012年5月に東山動植物園再生プラン新基本計画が策定されている。この再生プランでは，自然のすばらしさや大切さを体験し体感しながら，地域市民のさまざまなニーズに合った楽しみを提供するような空間にすることを目指している。そして東山動植物園が「人と自然をつなぐ懸け橋」に生まれ変わるという目的を達成するために，共同でブランド戦略を構築し展開する民間企業の事業提案を募集し始めている。

第7章 動物園の組織間関係

図表7-2. 動物園と企業との組織間関係

	プロジェクト名	動物園の役割機能	協力企業の役割機能
支援型	グリーン＆クリーンプロジェクト	札幌円山動物園 ホッキョクグマの自然繁殖活動(種の保存)	札幌トヨペット 積立金をもとに社会貢献(プリウス1台成約ごとに1万円の積立)
相互取引型	サイン整備事業	上野動物園 案内・誘導サインを整備	講談社，キリンビール，キヤノン，ENEOS，カバヤ食品，ベネッセ 動物解説ボードに企業広告
協働型	ビジネスパートナー制度	天王寺動物園 3つの採択条件	ウーマンライフ新聞社，インタースタイル・ナンノ＆カンパニーなど
	ブランド戦略パートナー事業	東山動植物園	情報誌，動物園グッズなど募集中

具体的には，再生プラン及びCOP10の理念に基づいたブランド戦略を立案し，そのブランド戦略に基づいてロゴ，シンボルマーク，キャラクター等のデザインをする事業である。この東山動植物園のブランド戦略パートナー事業は，現在まだ募集中であり，具体的な内容が決まっているわけではない。しかし民間企業と共同しながら，人と自然をつなぐ懸け橋としての東山動植物園のブランディングを進めていくという試みは新しい協働のタイプとして注目される。これまで述べてきた動物園と企業との組織間関係をまとめると図表7-2になる。

3．動物園とNPOとの関係

　動物園とNPO法人の関係には2つのタイプが考えられる。第1のタイプは，全国の各動物園とその動物園を支援するNPO法人との関係である。たとえば，旭山動物園とNPO法人旭山動物園くらぶ，釧路動物園とNPO法人釧路市動物園協会，京都市動物園とNPO法人京都市動物園ファミリー，東京都立動物園と東京動物園ボランティアーズ・東京動物園協会などである。もう1つのタイプは，全国レベルのNPO法人と動物園との関係である。具体的には，NPO法人地球生物会議ALIVEやNPO法人市民ZOOネットワークなどのNPO組織と動物園との関係である。ここでは動物園とNPOの関係を以下の3つのタイプに区分して論じることにする。

(1) NPOによる動物園の支援活動

　第1は，NPO法人が募金活動，動物園グッズ販売，ブログの発信，さらには動物園内でのイベントの企画実行を通じて動物園をサポートするという関係である。こうした関係の事例として，1975年に釧路市動物園が開設されて後の1983年に任意団体として設立され，2006年にNPO法人格を取得した釧路市動物園協会の活動を紹介する。もともとこの団体は，釧路市動物園を利用する入園者や地域住民の公益を目的に活動していた。しかしNPO法人格を取得した現在は，以下の5つの事業を行っている。

　① 動物に関する生態や知識の普及事業として望遠鏡の管理運営，動物のおやつの販売，オリジナルグッズの開発と販売など。
　② 動物保護や愛護精神の高揚を図る事業としてアムールトラ支援活動「頑張れタイガ・ココア」事業など。
　③ 動物や動物園に関する情報発信事業として機関誌「ふれあい」の発行，ホームページの更新と情報発信など。
　④ 動物園事業の連携及び受託事業として動物園祭り，夜間開園など。
　⑤ その他法人の目的を達成するために必要な事業として他の施設や交通機関との共通利用券，世界自然保護基金並びに世界野生生物基金の募金活動など。

　このようにNPO法人としてさまざまな事業が行われているが，現在とくに注目されているのがアムールトラ支援活動である。釧路市動物園では稀少動物であるアムールトラ3頭を飼育していたが，2008年に父親リングと母親チョコとの間に3頭の赤ちゃんが生まれている。母親の育児放棄もあり，出産した3頭は半ば仮死状態が続き1頭は死亡している。2頭は飼育員の努力により命を取り留めたが，軟骨不全のために将来ともに歩行が困難という状態であった。釧路市動物園では，2頭にタイガ（オス），ココア（メス）と命名し，人工保育をしながら育ててきた。

　しかし2009年に，オスのタイガが突然死亡している。NPO法人釧路市動物園協会は，タイガとココアの2頭の子どもたちのため出来ることはないかと考

え，2008年6月以降アムールトラ支援活動「頑張れタイガココア」募金を続けている。2010年には，全国からの募金のうちの300万円を釧路市動物園の「動物園基金」に寄付している。

同じように募金を通じてNPOが動物園を支援するタイプとして，NPO法人「園でピース」によるホッキョクグマ「ピース」への支援活動がある。2008年に設立された園でピースは，愛媛県立とべ動物園のホッキョクグマ「ピース」を通じて野生動物や人間の住む環境についての啓蒙活動を行い，市民，企業，行政とともに開かれた動物園を創っていくことを目的に活動している。てんかんという病気をもつピースに体調を整えるサプリメント支援を行うための「がんばれ！ピース募金」，全国でも唯一親子4頭で暮らしているアフリカゾウファミリーを支援する「ゾウさん健やか募金」，動物園内の植物の植え替えや花壇の整備などのための「花いっぱい運動募金」など多くの募金活動を行っている。

(2) 動物園とNPOとの共同事業

寄付や募金を通じてNPOが動物園をサポートするという活動をより発展させ，動物園とNPOが共同して新しい事業を構想し実行しようという動きもみられる。寄付や募金が一方向的支援活動だとすると，このタイプは双方向的であり新しい価値の創造につながる動きである。こうしたタイプの例として，旭山動物園と(社)旭川青年会議所(JC)が共同して進めようとしている「旭山動物園マイスターボランティア制度」を取り上げる。

旭山動物園マイスターボランティアの構想は，2005年旭川青年会議所主催のシンポジウムで初めて公にされた。シンポジウムでは，旭山動物園が道外や海外を含めて多くの観光客に注目される施設になったことのプラス面だけでなく，旭川市民にとっては遠い存在になりつつあるのではないかというマイナスの問題提起も行われた。そして付近の駐車場では，旭川ナンバーの乗用車の数が意外と伸びていないという事実も報告された。こうしたなかで，市民参加型の新しいまちづくりを進める構想として旭山動物園マイスターボランティア制度が提案された。ボランティアスタッフの募集要項には，つぎのような趣旨が

書かれている。

　「さまざまな障害を乗り越え，素晴らしい施設として確立されつつある『旭山動物園』を，次代を担う子どもたちへ，地域の『宝』として未来へ，伝えていけるよう取り組んでいきたいと考えています。そのためには単なる観光のための施設としての『動物園』ではなく，本来の施設の役割を充分に果たすことが出来るような動物園運営を目指し，市民・近隣住民，行政，教育機関，地域産業界が連携を図り積極的に取り組んだならば，現在の状況が一過性のブームとなって，かつての苦い経験を繰り返すことはけっしてないと考えるのです」(旭山動物園マイスターボランティア事務局)

　旭山動物園マイスターボランティアは，①スポットガイドボランティア，②インフォメーションボランティア，③イベント企画ボランティアの3種類に区分されている。①スポットガイドボランティアは，園内の特定の施設において，習得した知識をもとにガイドを行うボランティアである。②インフォメーションボランティアは，動物園内の案内だけでなく，旭川市内や近郊の観光情報，観光スポットについての情報提供を行うボランティアである。今後は海外からの来園者へ対する外国語インフォメーションの充実も計画中である。③イベント企画ボランティアは，園内で行われるイベントの補助，さらには独自のイベント企画も行うことで「教育の場」や「レクリエーションの場」としての動物園の役割を旭川市民に発信していくというボランティアである。

　小菅名誉園長や坂東園長をはじめ動物園の職員が講師になり，動物園や動物の生態や特徴を学ぶ動物マイスター講習をもとにガイドとして実務を重ねながら認定試験を受けマイスター称号の認定を行うことも計画されている。2005年にスタートして今年で7年目を迎えるが，旭川観光顕功賞を受賞し，市内高校の授業の一環として動物園マイスター制度を活用することも検討されている。こうした取り組みが進化していくと，旭山動物園マイスターに留まらずに，旭川市科学館，井上靖記念館，優佳良織工芸館，三浦綾子記念文学館など旭川市

第7章　動物園の組織間関係

図表7-3. 旭山動物園マイスターボランティア
（出所）　旭川青年会議所提供資料

内の資産を再評価し全国に発信するという展開も期待できる。マイスターが地域活性化の中心的役割を果たすことにもなる。国内では例をみない取り組みであり，今後の展開が期待される。

(3)　市民ZOOネットワークによる動物園の支援

　これまでは，それぞれの動物園に対して地元のNPOが寄付や募金による金銭的支援や物品の支援を行うパターン，動物園と地元NPOや経済界などが協働しながら地域活性化の担い手になる動物園マイスターボランティアを育成するパターンをみてきた。次に検討するのは全国規模のNPOが動物園を評価し支援するというタイプである。こうした評価型NPOの代表が市民ZOOネットワークである。

　1997年，当時農学研究科大学院生で動物園をテーマに研究していた大橋民恵，落合知美，佐渡友陽一，大島律子，赤見理恵の5人が霊長類研究会で出会い，動物園の事情についての情報交換をする目的でメーリングリストを作ったのが市民ZOOネットワークの始まりである。研究テーマは，稀少動物の繁殖，ボ

スザルの研究，社会の中での動物園の役割の変化，動物園での教育などさまざまであり，所属する大学も異なっていた。

その当時は動物園を研究する大学院生が少ないことから，エンリッチメントや動物園のあり方についてメーリングリストで議論していた。しかし参加者が少しずつ増加し，メーリングリストに新しい参加者が入会するたびに，すでに議論した内容がまた繰り返されることもあり，もう一歩先の議論をする必要があるのではという提案が出てきた。また動物園についての知識を，関係者だけでなく，より幅広い層に普及伝達することが必要ではないかという意見も出始めた。動物園の側からも，市民と動物園を繋ぐ架け橋になってほしいという期待が聞こえるようになってきた。

こうした中で「何かひとつ方向性をつけて活動をして，それで動物園に関わるというのもやってみたほうがいいかもしれないということで，じゃあ団体にしてみようということで団体にしたんです。その活動のひとつとして，環境エンリッチメントというか，動物の福祉というか，飼育環境の改善とか，あと個体に注目するということをテーマに活動してみましょう」(市民ZOOネットワーク代表，大橋民恵氏インタビュー，2009年12月21日，より)という動きになった。

2001年4月から団体設立の準備を開始して8月に設立することになる。その後，行政官であり動物園マニアの牧慎一郎氏がサポーターとして参加することになり，団体の会則や定款などを作成する中で，NPO法人化するほうが行政としては付き合いやすいという助言をもとにNPO法人市民ZOOネットワークが設立される。

市民ZOOネットワークは，NPOを立ち上げたときに何をやるかを考えて，2つのことを実行しようとした。第1はエンリッチメント基金のようなもの，第2は現在エンリッチメント大賞と呼ばれているものである。前者は，エンリッチメント基金で寄付を募り，その寄付をもとに動物園でのエンリッチメントを奨励したり，実行したいエンリッチメントを応募してもらい集めた寄付を投入する仕組みである。第1のエンリッチメント基金について大橋氏はつぎのように話している。

「今は,かなり動物園もいろいろな運営の指定管理とかで変わってきているのでわからないですけど,当時は基本的に行政だったので,行政というのは基本的にお金を受け入れない。寄付も受け入れないし,外部の人間が入ることがなかなかできないところなので,『これ(エンリッチメント基金)は現実的にちょっとむずかしいかもね』ということで,それは諦めようということで,とりあえずこちら(エンリッチメント大賞)をやろうということでやったんです」(市民ZOOネットワーク代表,大橋民恵氏インタビュー,2009年12月21日,より)

第2のエンリッチメント大賞に関しては,エンリッチメントという言葉が普及する以前から,それぞれの動物園でユニークな取り組みをしていた。環境エンリッチメント(environmental enrichment)は,痛みや恐怖,心理的苦痛,欲求不満,退屈などの苦痛を減らし,飼育環境を良くする取り組みであり,動物園や実験動物施設で実施されている。こうした取り組みを再発見して表彰することが,動物園にとっても励みになるのではないかという発想から生まれている。

さらに,こうした動物の飼育環境を改善する取り組みを,組織として継続的に維持する仕組みを定着させることを目指している。審査は,個別の動物園からフリーな立場の審査員5人で第一次の書類審査の後,通過した動物園の取り組みが組織的取り組みになっているかどうかを調査する。飼育担当者の個人的取り組みになり,担当者が替わると中止するケースもあるという。一次通過した取り組みについては,市民ZOOネットワークのメンバーが実際に情報を集め,飼育担当者に代わって審査員の前でプレゼンをした後で議論をして大賞を決めてもらう仕組みにしている。図表7-4.は,過去のエンリッチメント大賞を受賞した動物園の取り組みである。そして市民ZOOネットワークというNPOの立場について大橋代表はつぎのように述べている。

「批判して改善するんだったらもちろん批判しますけど,特に行政の動物園なので,基本的スタンスとしては,動物園が税金で運営されているということは市民の意向が結局あるわけで,動物園が変わるのではなく,変わるとしたら市民の意識が変わらないと意味がないとずっと思ってきました。だから,私たちも一応市民なので批判するのではなくて,自分たちができることはないかを

図表 7-4. エンリッチメント大賞

年	応募総数	大賞	その他（特別賞）
2002	64	長崎鼻パーキングガーデン 旭川市旭山動物園 東京都恩賜上野動物園	旭川市旭山動物園 オホーツクとっかりセンター 京都大学霊長類研究所
2003	49	札幌市円山動物園 葛西臨海水族園 釧路市動物園	東京動物園協会
2004	83	旭川市旭山動物園 天王寺動物園 愛媛県立とべ動物園 東京動物園協会	旭川市旭山動物園 旭川市旭山動物園
2005	77	多摩動物公園 多摩動物公園 千葉市動物公園	東京都恩賜上野動物園
2006	52	京都市動物園 富山市ファミリーパーク 札幌市円山動物園 埼玉県こども動物自然公園	名古屋港水族館
2007	70	東京都恩賜上野動物園 札幌市円山動物園 大宮公園小動物園	
2008	75	埼玉県こども動物自然公園 東山動植物園 到津の森公園	
2009	56	旭川市旭山動物園 京都市動物園 長崎バイオパーク	
2010	57	東京動物園協会・市川市動植物園・東山動植物園・よこはま動物園ズーラシア 下関市立しものせき水族館海響館	
2011	57	愛媛県立とべ動物園 埼玉県こども動物自然公園 葛西臨海水族園	
2012	58	日立市かみね動物園 埼玉県こども動物自然公園 秋吉台自然動物公園サファリランド	

（出所）　市民 ZOO ネットワークの HP をもとに作成

第7章 動物園の組織間関係

図表 7-5. 動物園と NPO の組織間関係

	プロジェクト名	動物園	NPO
支援型	アムールトラ支援活動「頑張れタイガ・ココア」事業	釧路市動物園	釧路市動物園協会
	「がんばれ！ピース募金」「ゾウさん健やか募金」「花いっぱい運動募金」	愛媛県立とべ動物園	「園でピース」
協働事業型	旭山動物園マイスターボランティア制度	旭山動物園	NPO法人旭山動物園くらぶ,(社)旭川観光協会,(社)旭川青年会議所(JC)
評価型	エンリッチメント大賞	全国の動物園水族館	市民 ZOO ネットワーク

探していこうと」(市民 ZOO ネットワーク代表，大橋民恵氏インタビュー，2009年12月21日，より)

　このように市民 ZOO ネットワークは，動物園の地道な取り組みを再発見し正当に評価し公開していくことで動物園を応援する立場をとっている。評価型 NPO としての活動である。図表 7-5. は，これまで述べてきた動物園と NPO の関係についてまとめたものである。

　これまで動物園を取り巻くさまざまな組織とそうした外部の組織が動物園のマネジメントにどのような影響を及ぼしているかを考えてきた。いわば組織と外部ステイクホルダーとの相互関係についての検討であるが，最近になって指定管理者制度の導入や民間活力の活用などの動きもあり，動物園と外部組織との関係はますます多層化し複雑化している。すなわち，寄付や募金などの金銭的支援，ボランティアやサポーターなどの人的支援，動物園施設や器具の支援など，動物園が外部組織から一方的に支援を受けるという関係から，動物園と外部組織が協力しながら改革を行い新しい動物園ビジョンをデザインするといった双方向的で共創的な関係へと変化しつつある。こうした動きは企業組織の最近の動きと軌を一にするものであり，新しい動物園の動きとして注目したい。

　さらに進んで企業や NPO や動物園が共同しながら生物多様性の保護のための活動をスタートさせているケースもみられる。ボルネオにおける森林保全や

生物多様性保全の活動である。次章では，ボルネオ保全トラストジャパンをケースに，企業，NPO，動物園がどのように協働しているかを検討することにする。

引用・参考文献

旭川青年会議所(2008)「旭山マイスターボランティアの奇跡」(内部資料)
石田戢(2010)『日本の動物園』東京大学出版会
佐々木利廣・加藤高明・東俊之・澤田好宏(2009)『組織間コラボレーション』ナカニシヤ出版
市民ZOOネットワーク(2004)『いま動物園がおもしろい』岩波ブックレットNo. 623
名古屋市(2010)「東山動植物園再生プラン新基本計画」2010年5月.
本田公夫(2006)「日本の動物園の現状と課題―アメリカの現場から」『畜産の研究』第60巻第1号, pp. 183-198
牧慎一郎(2008-2010)「動物園を行く(Ⅰ)～(Ⅷ)」『ジャーナル・ミュゼ』アム・プロモーション
水上崇(2006)「市民が旭山動物園のガイド役に『マイスター制度』創設で後押し」『日経グローカル』No. 49 (2006.4.3.) pp. 48-49
若生謙二(2010)『動物園革命』岩波書店

第8章 動物園によるボルネオでの生物多様性保全

I. 森林保全と生物多様性保全のための協働

　前章に続き本章でも，企業やNPOの支援を受けながら複数の動物園が共同でボルネオの森林保全と生物多様性保全のために活動しているケースをもとに，動物園同士の協力や動物園と他のセクターとの協働について考えてみたい。ここで紹介するのは，旭山動物園他の動物園や企業と連携しながら原材料調達対象地であるボルネオ島の森林保全活動を進め，さらに生物多様性の保全活動を行っている2007年設立のボルネオ保全トラストジャパン（BCTジャパン）のケースである。

　ボルネオの熱帯雨林は伐採され木材として日本にも大量に輸入されている。またアブラヤシから採るパーム油の大半をマレーシアから輸入することで，豊かで便利な生活を享受してきた。しかし他方でボルネオでは，熱帯雨林が伐採され驚くほどの速さでアブラヤシのプランテーションに転換され，そこに住む野生生物がさまざまな被害を受ける事態が起こっている。こうした状況に対して，ボルネオ保全トラストジャパンが進めているプロジェクトが，①ボルネオ緑の回廊プロジェクト，②吊り橋プロジェクト，③トランスロケーション活動，④環境教育への取り組みである。そしてボルネオ保全トラストジャパンをプラットホームにしながら，全国の動物園や国内支援企業さらには現地のボルネオ保全トラスト（BCT）やサバ州野生生物局（SWD），現地NPOなどが森林保全と生物多様性保全のために協働する仕組みが出来上がりつつある。とりわけボルネオ保全トラストジャパン現理事長の坪内俊憲氏から最初に支援要請を受けた旭山動物園坂東元園長は，ただ一方的に恩恵を受けているだけではな

く，出来ることから恩返しをという発想のもと，ボルネオへの恩返しプロジェクトをスタートさせている。

　以下では，まずボルネオ保全トラストジャパンの設立に深くかかわってきたサラヤ(株)の活動を振り返りながら，なぜサラヤがボルネオに目を向けるようになったのか，ボルネオの森林保全と生物多様性保全のためにどのような活動を行ってきたかを一瞥する。活動の柱は，第1がRSPO(Roundtable on Sustainable Palm Oil：持続可能なパーム油のための円卓会議)を通じての活動であり，第2がボルネオ保全トラストジャパンを通じての活動である。この2つの活動は密接に関わっており，ボルネオの森林保全や生物多様性保全のために欠かせない活動である。最後に，こうした活動に対して企業としてどのような支援が出来るのかを考えながら，動物園と企業との協働のあり方について考えてみたい。

II. サラヤの戦略転換と生態系保全への取り組み

1. サラヤの商品開発の歴史

　サラヤは，家庭用及び業務用の洗浄剤・消毒剤・うがい薬などの衛生用品と液薬供給機器の開発，製造，販売を主要事業にする中堅企業である。1952年創業以来，無理のない，無駄のない，汚れのない，きれいな清流のような経営を実践し，大手寡占メーカーが乱立するなかで一定の地位を保ち続けてきた。そして清流のイメージから生まれる自然な感覚をもとに，さまざまな製品を開発してきた。そして手洗い石鹸液「シャボネット」(1956)，コロコロ自動うがい器(1961)，ヤシノミ洗剤(1971)，手指消毒剤「ハンドサニター」(1973)，ヒビスコールS(1990)，カロリーゼロの甘味料ラカント(1995)など環境に優しいニッチ商品を開発販売しながら成長してきたソーシャル・アクション・カンパニーである。とくにヤシノミ洗剤は，エコマークや環境バイオマスマークなどの認証も取得し，消費者からも環境に優しい商品という認知を獲得してきた。

　「清流の経営」を基本にしたサラヤの商品開発の第1は「洗い清める」という視点である。その第1号が，1956年発売の薬用手洗い石鹸液のシャボネットで

ある。主原料は天然素材の植物油であるココヤシの油である。そして手洗い石鹸液の冬場の落ち込みを補うために1961年に発売されたのがうがい薬と自動うがい器である。そして1971年には，サラヤの看板商品でもあるヤシノミ洗剤が発売されている。石油系洗剤が主流であった時期に，あえて価格の高いヤシ油を原材料にするという決断をしている。その意味では，ヤシノミ洗剤は清流の経営を意識した初めての商品であった。そして1984年にはヤシノミ洗剤の原材料をヤシ油からパーム核油に変更している。植物系原料を安定的に供給したいという希望と，これまで廃棄対象であったアブラヤシの種からもパーム核油が採れ，廃棄物削減効果が見込まれるという期待からの変更であった。しかしこの転換が，20年後にサラヤを大きく変えることになる。この点については後述することにする。

「洗い清める」という視点からの商品開発は，1981年の家庭用ヤシノミ洗剤につながり，1979年にはアルコールを使った手指消毒剤「ハンドサニターS」が発売される。ボトル容器に入った速乾性アルコール消毒剤によって手指を殺菌消毒するもので，公衆衛生の分野だけでなく医療現場でも広く使われている。その後2001年には医療機器用殺菌洗浄剤「アセサイド6％消毒液」，自動食器洗い機用洗剤「ソホロン」，2009年には「ヤシノミ洗たくパウダーネオ」が発売されている。

続いて「無駄を出さない」という視点からの商品開発についても清流の経営が基本になっている。まず創業当時から商品と共に専用の容器をセットで販売している。さらに1981年には洗剤などの容器をポンプ式に変更している。1983年にはロングラン商品であるヤシノミ洗剤の詰め替えパックを発売している。

このようにヤシノミ洗剤は，サラヤの40年のブランドになっている（図表8-1.参照）。洗剤業界はブランドが短期間に変化していくことが通常であり，40年同じブランドで販売しているのはヤシノミ洗剤というブランドだけである。ヤシノミ洗剤は，分解性にも非常に気を使い生分解性が高く，かつパックで値段をできるだけ安くし，エコマークやバイオマスマークなどの優しい認証制度も取得している。端的に言うならばヤシノミ洗剤は環境に優しい商品の代表格であった。

図表8-1. ヤシノミ洗剤

(出所) サラヤ提供資料

2．原料調達に対する問題意識

　こうしたサラヤの戦略が大きく変化するのが2004年である。このあたりの事情は更家悠介著『世界で一番小さな象が教えてくれたこと』に詳しく述べられている。2004年にテレビ番組「素敵な宇宙船地球号」への出演依頼がきた。この番組はトヨタグループの単独提供番組であり，1997年4月20日から2009年9月27日まで毎週日曜日30分間放送された環境をテーマにしたドキュメンタリー番組である。2004年8月1日の放映タイトルは「ボルネオゾウの涙」であり，出演依頼の内容は，ボルネオゾウが環境破壊で苦しんでいるが，関係する企業として，そのことについてのコメントをしてほしいというものであった。具体的には，ヤシノミ洗剤をはじめとするサラヤ商品の原料供給地であるボルネオ熱帯雨林ではアブラヤシ・プランテーションが急速に拡大している。プランテーションの拡大が，野生のボルネオゾウの棲息地である熱帯雨林を奪っている。この事実をどう思いますかという問いかけであった。

　なぜサラヤに申し込みがあったかについて代島広報宣伝部長は，「ヤシノミ洗剤というエコ商品を製造販売する企業であることから，ヤシの問題が流れると

第8章　動物園によるボルネオでの生物多様性保全

ヤシノミ洗剤が悪いんだという話になって，うちに取材が来たんでしょうね。ヤシノミ洗剤は，日本に入ってくるアブラヤシの1％にも満たない量しか使ってないんです。ただ名前が名前ですよね。先代が付けた名前で，ヤシノミ洗剤という名前を付けて，そこそこ皆さんに知られているものだから」(サラヤ(株)広報宣伝部長，代島裕世氏へのインタビュー，2012年11月6日，より)と話している。そして社内で取材を受けるべきかどうかについて議論もあったが，トヨタが単独スポンサーであることやソーシャルネットワークが進展していく中でポジティブに対応すべきであるという広報戦略などもあり取材に応じている。番組で更家悠介社長は,「こんなにゾウさんに迷惑かけているとは知りませんでした」とテレビカメラの前で素直な気持ちをコメントとして述べている。

　この番組放映後，視聴者から抗議の声が多かったという。もちろん感情的なものも多かったが，社長自身はそれまでのサラヤは消費者の方ばかり向いて仕事をしていて，バックヤードのことは全然わからなかったと告白している。現地にプランテーションをもち原料を作る系列企業をもっているような大手企業と違って，サラヤは原料メーカーから植物性の界面活性剤を購入していたこと

図表8-2. アブラヤシ・プランテーションの拡大

（出所）　ボルネオ保全トラストジャパン提供資料

から原材料調達の先までみえていなかったというのが実態である。

更家悠介社長は，番組放送後すぐにボルネオのアブラヤシのプランテーションの実態を把握するために，自ら情報収集し，ボルネオでの現地調査を行っている。また調査の過程で，この問題の解決策を模索するRSPO（Roundtable on Sustainable Palm Oil：持続可能なパーム油のための円卓会議）というNGOがあることを知ることになる。そして2004年12月にはRSPOに加盟している。また2005年1月にはRSPO研究会（マレーシア）に出席し，アブラヤシ・プランテーション開発と環境保全活動の両立のための活動を行うことを表明している。こうしたサラヤの活動は「素敵な宇宙船地球号」(2005年3月20日放送)の「続ボルネオゾウの涙：傷ついた子ゾウを救え」でも紹介され，視聴者から好意的な反応をえている。

Ⅲ．サラヤのRSPOを通じての活動

前述のようにサラヤは，2004年12月にRSPO（持続可能なパーム油のための円卓会議）に入会している。RSPOは，2004年に世界的に信頼される認証基準の策定とステイクホルダー（関係者）の参加を通じ，持続可能なパーム油の生産と利用を促進することを目的に設立されたNGOである。まず2002年に世界自然保護基金（WWF）が中心になり，ミグロ，ユニリーバ，セインズベリー，マレーシアパームオイル研究所等7つの団体の協力を得て，組織統治機構の設立を準備するための委員会が設置された。創設メンバーはすべて自然環境保護に熱心な団体であり，サプライチェーン間の協力とステイクホルダーとの開かれた対話を通じて目的を達成することにコミットした団体である。なおミグロ社はスイス最大のスーパーマーケット・チェーンであり，積極的にフェアトレード商品を扱ってきたが，2002年にWWFスイスと協力し熱帯林を破壊しないこと，自然保護を推進すること，労働条件を改善することなどの条件を満たすパーム油業者のみと取引することを決定している。セインズベリーもイギリス大手のスーパーマーケットであり環境意識の高い企業である。

第8章 動物園によるボルネオでの生物多様性保全

　2003年8月には，16カ国200人の参加の下，マレーシアのクアラルンプールで第1回円卓会議が開催されている。そして2004年4月に第2回円卓会議がジャカルタで開催され，8つのRSPO原則と39の基準(P&C)が策定され正式に設立が承認されている。8つのRSPO原則と基準は以下のとおりである。

1．透明性へのコミットメント
2．適用法令と規則の遵守
3．長期的な経済的・財政的実行可能性へのコミットメント
4．栽培および製造・加工業者によるベストプラクティスの活用
5．環境に関する責任と自然資源および生物多様性の保全
6．栽培者や製造・加工工場によって影響を受ける従業員および個人やコミュニティに関する責任ある配慮
7．新プランテーションの責任ある開発
8．主要な活動分野における継続的な改善へのコミットメント

　このように8つのRSPO原則は，農業，経済，法律，環境，生物多様性，有毒物，労働，コミュニティ，社会問題を含む原則である。そして持続可能なパーム油をめざして，投資家やプランテーションを開発する企業・経営する企業，製油業者，消費財メーカー，小売業者などさまざまなステイクホルダーが参加し，それぞれの責任を果たすための枠組みが構想された。

　RSPOの特徴は，全てのステイクホルダーが公正な代表権をもつNGOであり，意思決定も多数決方式を採らずステイクホルダー間の合意を重視するマルチステイクホルダー・プロセスを基本にしている。たとえば理事会メンバー16団体の構成は，パーム油生産業4，搾油・貿易業2，消費財2，小売り2，銀行・投資2，環境NGO2，社会開発NGO2であり，NGOの発言権も担保されている。RSPOの主な活動は，持続可能性のあるパーム油の生産や利用を促進することであり，持続可能なパーム油が消費者やマーケットに届くことを保証するRSPO認証システムなどが実行されている。

　2013年2月現在の会員数は1,187団体に達している。内訳は，正規会員が818団体，サプライチェーン会員が264団体，準会員が105団体である。パー

ム油産業をめぐる7つのステイクホルダーの内訳は，搾油・貿易業(38%)，消費財メーカー(37%)，パーム油生産業(15%)，小売業(6%)，環境NGO(2%)，社会開発系NGO(1%)，銀行・投資会社(1%)という割合である。国別でいえば，ドイツ，イギリス，インドネシア，マレーシア，フランス，スイス，アメリカでほとんどを占め日本企業の参加はまだ少ない。日本では前述したサラヤの他に，ライオン，花王，コープクリーンなどの消費財メーカー，伊藤忠商事，三井物産，三菱商事，日清オイリオ，不二製油グループなど加工油脂製品の製造販売企業が会員登録している。

　「素敵な宇宙船地球号」でテレビ取材を受けた年の12月にRSPOのメンバーになったサラヤの更家悠介社長は，2005年11月のRSPO総会において「緑の回廊構想」を提案している。この構想は，ボルネオ島のキナバタンガン川沿岸のジャングルを残し野生動物が移動できる回廊を確保すること，そして野生動物と共存できる条件下でのプランテーションの開発を行うこと，さらにこの条件にクリアした農園のアブラヤシに認証を与え，企業はそのパーム油を使うこと，という構想である。この構想が実行に移されれば，ボルネオの環境保全は大きく前進することになる。しかし2005年の時点では，この提案を取り下げざるを得なかった。その当時RSPOメンバーの大半を占めるパーム油生産業者が，構想に反対の立場であることが分かったためである。なおこの「緑の回廊構想」は，2006年2月のBBEC(JICAプロジェクトのボルネオ生物多様性・生態系保全プログラム)で提案し賛同されている。さらに2006年12月には，後に述べるボルネオ保全トラスト(BCT)がマレーシア・サバ州政府から免税団体として認可される。また2007年からはヤシノミ洗剤の出荷売り上げの1％を緑の回廊構想を実行するための支援に使うことになった。2010年にはRSPO認証制度がスタートしている。そして2010年10月サラヤは，日本で初めてヤシノミ洗剤洗たくパウダーネオ(現ハッピーエレファント)でRSPO認証を受けている。これは，環境に配慮して運営されているプランテーションにおいて製造されたパーム油だけを使って商品を作っていくということである。

　このようにサラヤは，テレビ取材を契機に原料調達におけるCSRに積極的

第8章　動物園によるボルネオでの生物多様性保全

に取り組むことになった。この過程で，パーム油産業が抱えている課題やパーム油の原産地であるインドネシアやマレーシアの熱帯雨林が，パーム・プランテーションによって大きな影響を受けていることを知ることになる。この地方は世界で最も生物学的に豊かで多様な生態系であるといわれる。ボルネオの熱帯雨林は生物多様性の宝庫であり，ボルネオゾウ，ボルネオオランウータン，テングザル，マレーグマ，ミュラーテナガザル，レッドフリーモンキー，ハゲコウ，コウハシショウビン，など多くの固有の生物種が生活している地域である。この熱帯雨林が伐採され，大規模なパーム油のプランテーションに生まれかわったのは20世紀後半からと言われている。

　もともとパーム油（アブラヤシ）は，西アフリカ原産で1848年にインドネシア・ジャワ島のボゴール植物園に観葉植物として植えられた。その後1896年にはパーム油がマレーシアにも移植されている。そして1917年に商業的な目的のために植え付けを開始して以来，100年弱で広大なパーム・プランテーションになっている。アブラヤシがココヤシと大きく違う点の1つは，農民が相場をコントロールできない点である。ココヤシは，相場が下がったときは売らないで相場が上がるまで自分の倉庫に寝かせておくことも可能である。しかしアブラヤシは，24時間以内に絞らないと油が勝手に腐っていくという特徴を有していることから，農家が搾油工場にお願いして絞ってもらうという関係にならざるを得ない。その意味では栽培する農家の立場は相対的に弱くなる。そして広大な面積に24時間営業する搾油工場（500ヘクタールごとに1つの工場）があることが効率的であり，大規模なパーム・プランテーション方式が広がっていくことになった。

　またパーム油の日本での消費量も過去30数年の間に約5倍と急増し，食用油脂，加工食品を中心にさまざまな製品に使用されている。しかしRSPOのメンバーである洗剤メーカーの意識が高いのに反して，菓子メーカーなど消費者に近い企業の意識はかなり低い。パーム油を最も多く使用する食品メーカーの多くが，RSPOに参加していないという歪な構造が現在も続いている。そして，商社から調達するケースが多いことがパーム油の生産地の把握を難しくし

ていて，生産地に環境問題があることへの認識の低さにもつながっている。今後は，政府，業界，消費者への働き掛けを通じて，こうした企業にRSPOへの参加をどのように促していくかを考える必要がある。また消費者が，RSPO認証を受けた持続可能なパーム油（SPO）を使用している企業を応援することも必要である。

IV. ボルネオ保全トラストジャパンの活動

サラヤは日本で最も早い段階からRSPOに参加し，ボルネオでの森林保全への配慮や生物多様性保全の必要性を訴えてきたが，現地のプランテーション経営者やアブラヤシ生産者の理解を得ることができなかった。その当時，アブラヤシは作れば作るほど売れた時代でもあり，農園関係者には「土地を放棄するなんてありえるか」という反対論が根強く残っていた。このため，サラヤはボルネオ保全トラスト（Borneo Conservation Trust：BCT）に関わることで，この問題の解決に取り組むことになった。具体的には，ボルネオ保全トラストの立ち上げに参画し，アブラヤシ農園の開発が進むボルネオ島において生物多様性保全に重要な土地を確保する（トラスト）運動を支援している。

ボルネオ保全トラスト（BCT）は，2006年10月にマレーシア・サバ州の行政機関や資本家，NGOなどを中心に設立され，12月にはサバ州から免税団体として認可された組織である。本部はサバ州のコタキナバルに置かれている。日本からは更家悠介氏（サラヤ社長）や坪内俊憲氏が参加している。坪内俊憲氏は，JICA（現・国際協力機構）のボルネオ生物多様性・生態系保全プログラム（BBEC）の野生生物生息域管理専門家としてサバ州に派遣され，ボルネオ保全トラストの事業最高執行責任者（CCO）に就任したこともある。現在はボルネオ保全トラスト（BCT）の運営委員であり，ボルネオ保全トラストジャパン（BCTJ）の理事長である。2007年1月にNPO法人ゼリ・ジャパンが日本でのBCTの支援窓口となったが，2008年5月にゼリ・ジャパンからBCT支援窓口が独立し，BCTジャパン（BCTJ）が設立され，2008年12月にNPO法人として認証され

第8章　動物園によるボルネオでの生物多様性保全

ている。

　ボルネオ保全トラストの第1の目的は，生物多様性保全，特に保護区の生態系を繋ぎ，野生生物の移動ルートを提供するために重要な土地を獲得することである。第2は，すべての関係者，すなわちアブラヤシの生産者から消費者，地域に住む人々，そして保護区に関心のある人々の架け橋になることである。そして第3は，生物多様性保全活動を行っている組織や人々に場を提供することである。

　第1の目的を達成するための活動として「緑の回廊プロジェクト」がある。これは，寄付やコーズ・リレイテッド・マーケティング(CRM)によるサポートにより，キナバタンガン川とセガマ川沿いの土地を確保し，プランテーションによって分断された森と森をつなぐことで生態系保全のための「緑の回廊」をつくることである。

　キナバタンガン川沿いは，豊かな熱帯雨林が拡がり生態系の宝庫であったが，プランテーションが熱帯雨林を侵食していったことで森が細かく分断されてしまった。そのため，野生の生きものたちが狭いエリアに閉じ込められることになってしまった。野生生物が，狭い森のなかで十分な餌を採りながらパートナーをみつけ繁殖していくためには，ある程度の広さの土地が必要である。たとえば野生のオランウータンが生存していくには7万ヘクタール以上の広さの森が必要であると言われている。しかし森林破壊により，この地域で絶滅危惧種であるオランウータンの生息数は，100年間で90〜95％にまで減少しているという（2003年キナバタンガン川流域で推定1,125頭）。そしてこのままでは，50年後に種が残っている確率は5％程度であると言われている。

　こうした問題を解決する方法の1つが緑の回廊プロジェクトである。すなわち，土地を購入することで保護区と保護区をつなぎながら，動物たちが自由に移動できる通り道にしようという計画である。土地の確保は，違法占拠地に対しては行政への返還を働きかける，そして未利用地は所有者に行政への寄付を呼びかけたり購入するといった方法で行う。購入した土地は，BCTの所有となり野生動物保全のために確保される。2008年には，初めて2ヘクタールの

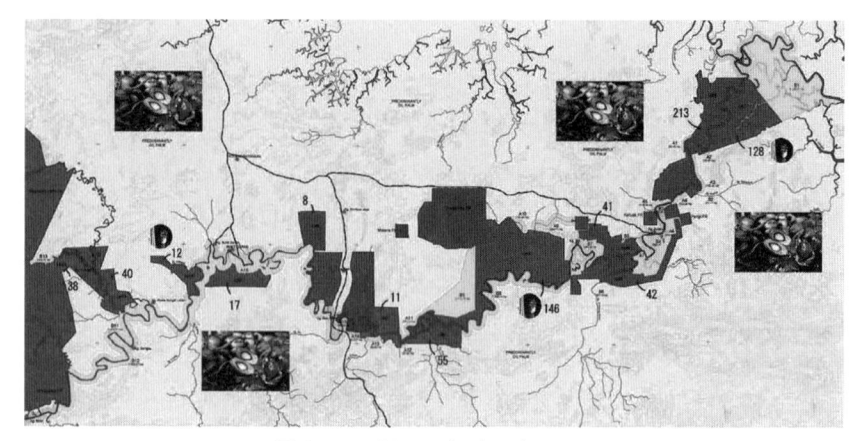

図表 8-3. 緑の回廊プロジェクト

（出所）ボルネオ保全トラストジャパン提供資料

　土地の入手に成功し，現在までに計16区画40ヘクタールの土地を確保するまでになっている。しかし現時点では，目標である2万ヘクタールのうちの0.2％にしか達しておらず，目標の土地をすべて購入すると仮定すると，200億円以上の資金が必要になるという。しかしカーディフ大学の調査によれば，この緑の回廊が完成すれば，50年後にオランウータンが絶滅する確率は5％にまで下げることができるという。

　こうした土地の買取りだけでなく，分断された森をつなぐ方法として「吊り橋プロジェクト」もすすめられている。このプロジェクトは，日本の動物園や橋の設計者の協力をもとに，川幅の狭い場所にオランウータンが渡れる吊り橋をつくる活動である。これまで枝から枝へと自由に渡っていたオランウータンは，森と森が50mでも途切れるとその間を移動できなくなってしまう。また水が怖いことから川の対岸に渡ることもできない。ボルネオでは人間用の橋をオランウータンが利用していることから，現地NGOのKOCP (Kinabatangan Orang-Utan Conservation Project)がキナバタンガン川の支流にロープを掛けたがうまくいかないことがわかる。その時に，日本の動物園で廃棄済みの消防用ホースを利用してオランウータンの遊具が作られていることを知った現地から

第8章　動物園によるボルネオでの生物多様性保全

2007年技術協力依頼があった。消防用ホースは軽量で強固であり，高温高湿にも強く加工しやすくリサイクルしやすいというメリットがあった。消防用ホースという人工物が，果たして自然環境にフィットするかという議論もあったが，絶滅危惧種の保存という目的を達成するためには必要であるという結論になった。

　まず吊り橋1号橋は，多摩動物公園，市川市動植物園の協力を得て2008年4月にメナンゴール川に設置されている。続いて2009年4月には東山動物園，ズーラシア，千葉市動物公園の協力を得て吊り橋2号橋がルサン川に架橋されている。さらに2010年10月，京都市動物園と上野動物園と天王寺動物園の協力を得て，タカラ川に3号橋が架橋されている。2011年5月には，洪水で崩落した3号橋を撤去し，新たに金属パイプを支柱にした吊り橋4号橋を設置している。2012年には，旭山動物園，京都市動物園，福岡市動物園の協力を得て吊り橋5号橋がピン川に架橋されている。2010年6月には，1号橋を渡るオランウータンの撮影に成功している。このように日本の多くの動物園，現地

図表8-4. 吊り橋プロジェクト

（出所）　ボルネオ保全トラストジャパン提供資料

NGOのKOCPやCOPEL，サバ州野生生物局(SWD)，サラヤなどの協力を得て吊り橋プロジェクトが進展している。

　3番目のプロジェクトはトランスロケーションであり，傷ついた野生生物を救出・保護し森に戻す活動を支援することである。これまでサバ州野生生物局(SWD)が，オランウータンやボルネオゾウの治療や一次的保護を行ってきた。しかし，こうしたトランスロケーションだけでは問題の根本的解決にはならないという。生物多様性保全のためには，人間と野生動物の「つかず離れずのいい関係」を再構築しなくてはいけないという。こうした視点に立って，サバ州野生生物局(SWD)，BCT，BCTジャパン，旭山動物園は，野生動物のケガの治療や一時的な保護を行うことができる施設を設立するプロジェクトを立ち上げている。日本では，BCTジャパン，旭川市，旭山動物園，建設会社などがプロジェクトに参加している。これは旭山動物園が進める恩返しプロジェクトの第1弾でもある。

　2010年2月10日には，旭山動物園とサバ州野生生物局との間で「生物多様性保全に関する合意書」が調印されている。合意書の主要な内容は，マレーシア国サバ州野生生物局と旭川市旭山動物園の双方の職員の能力開発，域内保全及び域外保全に関しての情報の共有，サバ州にボルネオゾウを中心とした野生生物レスキューセンター(WRC)の設立を目指し，設立後の運営や教育的な普及啓発，種の保存への貢献に共に取り組んでいこうというものである。なおサバ州野生生物局，ボルネオ保全トラスト(BCT)，ボルネオ保全トラストジャパン(BCTジャパン)は将来的には共同でWRCの設立を目指している。調印書ではWRCの機能として以下の3つを挙げている。

1) サバ州に生息するボルネオゾウ，オランウータンなどの野生生物の保護，治療，野生への復帰，移住を行う。
2) WRCによる保全活動について国民及び外国人訪問者に普及啓発を行う。
3) 域内保全及び域外保全について，サバ州以外の動物園とも経験や知識の交流を行う。

サバ州野生生物局は，プランテーションを荒らしたり，ケガをしたゾウを捕

第8章　動物園によるボルネオでの生物多様性保全

図表8-5. レスキューセンター（模型図）

（出所）　ボルネオ保全トラストジャパン提供資料

獲し，檻に入れて車で運び保護区に戻す活動をしている。しかし捕獲したゾウが檻を壊してしまうという問題が生じていた。そこで恩返しプロジェクトの第1弾として旭山動物園坂東元園長は，地元企業田島工業と共同でゾウの移動用檻を製作し寄贈することに決定する。軽量，耐久性，修理のしやすさ，サイズなど現地からの要望をふまえ，上野動物園を参考にゾウの檻を製作し寄贈している。またレスキューセンター1期工事についても，悪天候のなかで工事が進み，4月末に完成している。

これまで第3節でRSPOに対する活動に触れ，第4節でボルネオ保全トラストの活動を紹介してきた。この2つの活動は，お互いに独立しているわけではなく密接に関係している。この2つの活動の関係についてサラヤの代島広報宣伝部長は，つぎのように述べている。

「私たちは，この活動を2つやって初めて成立していると思いまして，どっちか片方でも駄目だと思っています。というのは，RSPOというのは国際的な基準で，行政的なことです。ボルネオ保全トラストを支援するというのは，草

の根というか，現場，フィールド主義です。現場で何が起きているかを知るのは，こっちの手に伝わっています。オランウータンが，どんどん減っているとか。でも，パームオイル産業という，どんどん拡大している産業をどうにか規制しようとするには，こっちをやっていないと規制できないです。だから，上からと下からと言ってもいいかもしれませんけど，この両側をやって初めてどこかで接点がぶつかるだろうということで，今も活動しているということです」
(サラヤ(株)広報宣伝部長，代島裕世氏へのインタビュー，2012年11月6日，より)

V. 夢の動物園をめざして

これまでボルネオ保全トラストジャパンを中心に，ボルネオ保全トラスト，サバ州野生生物局，サラヤ(株)，日本の動物園，現地NGOなどとの関係，さらに日本各地の動物園や賛同企業との関係について触れてきた。最後に，ボルネオの環境保全と生物多様性保全に関わる多様なステイクホルダーの関係につ

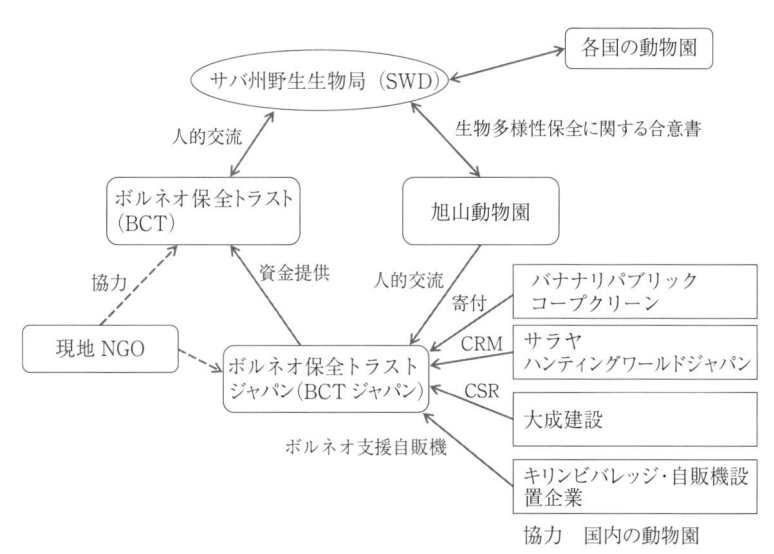

図表8-6. 生物多様性保全のためのセクター間の関係 (筆者作成)

いて触れながら，動物園が今後どのようなビジョンをもって活動していくかについて考えることにする。

図表8-6は，生物多様性保全に関わる活動を行ってきたセクターの活動やセクター間の関係を表したものである。まずサラヤは，ヤシノミ洗剤の売り上げの1％をこの活動のために支援している。こうした支援の仕方は，コーズ・リレイテッド・マーケティング(CRM)と呼ばれているが，2007年のヤシノミ洗剤の売り上げは前年比110％に伸び，さらに2008年には107％に伸びている。こうした活動を通じて，サラヤと消費者との関係が一過性のものではなくロングエンゲージメントを交わす関係になる。同じようなCRMを採用している企業として，ハンティングワールドジャパンもチャリティバッグの売り上げの1％をボルネオ保全トラストジャパンに寄付している。

ボルネオ保全トラストジャパンは，バナナリパブリックやコープクリーンからの寄付，キリンビバレッジ(株)による自販機の売り上げの一部が野生生物レスキューセンターの資金になるドネーション型自販機の設置，などによりボルネオでのさまざまな活動を支援している。しかしこうした草の根的活動だけでは不十分であり，日本企業が持続可能なパーム油を生産し消費するための国際的枠組み作りにも関わる必要がある。それがRSPOへの参加であり，RSPO認証を得たパーム油での生産や販売を促進することである。

こうしたサイクルのなかで動物園ができることは何なのか。そして今後動物園はどのような道を進むべきなのか。こうした問いに対して旭山動物園の坂東園長はつぎのように述べている。

「旭山動物園が奇跡の動物園と呼ばれるようになった原点は，飼育動物と来園者の間に僕たち飼育係が架け橋になったことだったと思う。そしてこれからは飼育動物と彼らのふるさとに住む仲間の架け橋として動物園が出来ることを突き詰めていきたいと思っている」(坂東，2008，171ページ)

「これからの動物園は，その動物の故郷にどれだけ還元していくことができるかによって，成果が評価されるようになりたいし，旭山動物園はそれを目指している。動物園は，園内で多くの野生動物を飼育・展示していながら，意外

に"自然"との接点が少ない。これは動物園の盲点である。これからの動物園は，本物の自然＝野生動物の故郷との接点を多くもつよう努力すべきではないだろうか」(坂東，2008, 176ページ)

引用・参考文献

更家悠介(2010)『世界で一番小さな象が教えてくれたこと』東洋経済新報社
高多理吉(2008)「マレーシア・パーム油産業の発展と現代的課題」『国際貿易と投資』No. 74 国際貿易投資研究所
坂東元(2008)『夢の動物園：旭山動物園の明日』角川学芸出版
「ボルネオ保全トラストジャパン案内」2011～2012年版
「サラヤ環境レポート2012」
『パーム油白書2012』ボルネオ保全トラストジャパン

第9章　地域マネジメントのプラットフォームとしての動物園

Ⅰ．地域マネジメントへの着目

　これまで，動物園をケースとして経営学を学んできたが，ここからはさらなる経営学の発展について検討していこう。本章では，「地域そのもの」の経営に注目したい。

　近年，経営学の最前線として，地域コミュニティの経営活動に注目が集まっている。経営学は，いかに組織体がより良い成果をあげるかが主な注目点であり，それを理論化するものであるといえよう。しかし経営学の対象は拡張している。たとえば，経営学が対象とする"組織"は，企業などの営利組織中心だったものから，非営利組織(NPO団体や病院，学校など)へとその範疇を広げている。また"成果"についても，いわゆる「金儲け」だけでなく，社会貢献や社会問題解決までも含まれるとの認識が広がってきている。

　経営学の拡張の1つに，「地域コミュニティの経営」があげられる。今日，地方分権化の進展や住民意識の向上によって住民参加型の地域活性化が注目されるようになってきている。これまで地域活性化やまちづくりの担い手は主に行政であり，行政主導による地域振興が盛んに行われてきた。しかし，行財政の悪化や「小さな政府」化，地方分権化の推進により，地域運営を行政任せにはできない時代になってきている。たとえば，田中(1999)は，分権化社会の進展にともない，住民・行政・企業・NPO・個人などのさまざまな地域主体が複合化し協働システムを構築することが「まちづくり」にとって重要であると指摘している。すなわち，地域コミュニティの各主体が協働し，一種のネットワーク組織として地域活性化やまちづくりというよりよい成果をあげるために，どの

ような活動が必要になるのかが検討されている。

一方、マッキーヴァー(1924)は、コミュニティとは、人々が共同生活する領域(村や町、あるいは国家など)であり、またその領域に独自な共通の諸特徴(習慣、伝統、言葉づかい)を有していることがコミュニティの必要条件であるという。すなわち、「地域性」と「共同性」からコミュニティは成り立っていると考えられる(船津・浅川, 2006)。地域の独自性を守り、地域住民の共同性を保持することも、地域コミュニティの経営にとっては1つの成果であるといえよう。

つまり、「地域の独自性を守り、その独自性を生かして地域を活性化するためのマネジメント」を検討することが拡張した経営学の中では必要である。動物園という「社会資本としての観光施設は、公共事業としての役割を担い、かつそれを文化・教育としての観光価値に変換できる存在」(谷, 2010, 96ページ)であり、その一翼を担うことができる。

そこで、地域コミュニティにおける動物園の役割を大きく2つの視点でみていこう。すなわち、①観光の軸としての動物園、②地域風土・文化保全の手段としての動物園、である。ここから、地域活性化に果たす動物園の役割を考えてみよう。

Ⅱ. 観光の軸としての動物園

動物園や水族館は、観光施設の1つとして捉えることができる。すでに別章で述べられているように、動物園の多くは都道府県や政令指定都市、地方自治体が経営母体になっている。そのため、安価な入園料で楽しむことのできる観光施設と思っている人も多いのではないだろうか。

こうした観光施設としての動物園が、その地域の観光事業の中心となることも考えられる。しかし、多くのレジャーの中から動物園が選択される状況を作り出すことが求められる。そこで重要な役割を担うのが、「ブランド」である。以下では、消費者(動物園の場合は来園者)に選択されるような状況を作り出すブランドの機能について考えていこう。

第9章 地域マネジメントのプラットフォームとしての動物園

1．マーケティングとブランド

　ブランドについての議論の前に，マーケティングについても触れておかなければならない。マーケティングという言葉は極めて身近であるが，研究者や研究機関，あるいは実務家によってその定義に多少の差がある。そのなかでアメリカマーケティング協会（AMA）の定義がよく用いられている。AMA が 2007 年に改定した定義では「マーケティングとは，顧客，依頼人，パートナー，社会全体にとって価値のある提供物を創造・伝達・配達・交換するための活動であり，一連の制度，そしてプロセスである」としている。すなわち，価値あるものを通じて市場への適応や働きかけにより市場とコミュニケーションをとること，そしてそのために必要な仕組みを作ることがマーケティングであるといえる。

　マーケティングでは，「ブランド」を重要視する。そもそもブランドとは「製品・サービスを特徴づける名称やシンボル，マークなどの総称」（黒岩・水越，2012，97 ページ）であり，有名ブランドになると，信用度や認知度の高さから，顧客に新たに選択してもらえる可能性やリピーターを増やす可能性が高まる。

　黒岩・水越（2012）は，このブランドには大きく3つの役割があるという。すなわち，①保障機能，②識別機能，③想起機能である。はじめに①保障機能とは，商品にブランドを付けることによって，その商品が誰によってつくられたかが明示され，責任の所在が保障されることである。次の②識別機能は，

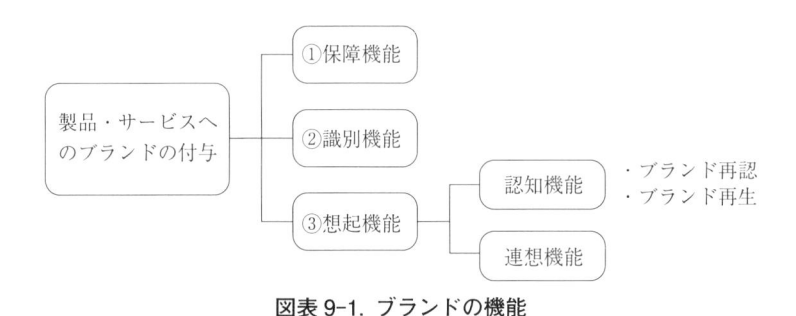

図表 9-1．ブランドの機能

（出所）　黒岩健一郎・水越康介（2012）『マーケティングをつかむ』有斐閣，100 ページ

ブランドの付与によって他の商品との区別が可能になることや，逆に同一のブランドによって商品が同質と認識されることをいう。

最後に③想起機能とは，ブランドの付与によって，商品をみる人に，ある種の知識，感情，あるいはイメージなどを思い起こさせることをいう。彼らは，社会の成熟化が進む中で，商品やサービスの技術的な差別化が困難な現在においてブランドが資産として注目される背景には，このブランドの想起機能があると指摘する。そして，想起機能は細かくブランド認知とブランド連想とに分けられる。さらにブランド認知には，ブランド再認とブランド再生がある。多くの人びとに再生されるブランドは，購買時に思い出される可能性も高くなる。一方のブランド連想は，そのブランドから消費者が何らかの知識やイメージを連想する効果を指す。ブランド連想により，当該ブランドは製品・サービスを超えた付加価値を手に入れることができると指摘する(黒岩・水越，2012，98-100ページ)。

２．地域ブランドの構築

こうしたブランドの機能は，企業の製品やサービスだけでなく地域にも求められるようになってきている。たとえば高橋(2010)は，各地の自治体も地域間競争にさらされており，地域の有形・無形の資産を生かし「地域ブランド」を構築することによって消費者に選択される地域にすることが地域経営の課題であるという。さらに地域ブランドは「住みたい価値」「買いたい価値」「行きたい価

図表9-2．地域ブランドの目的と対象

	買いたい価値(モノ)	行きたい価値(観光)
目的	・商品への意味づけ ・提供する便益や価値の約束 ・分かりやすい伝達	・地域が提供できるサービスや付加価値の明確化・説明 ・地域イメージの伝達
対象	・商品(モノ)，特産品 【目にみえるもの】	・景観，サービス，歴史，イベント，施設，ホスピタリティなど 【複合的で捉えにくい】

(出所)　高橋一夫(2010)「観光地の集客イベント事業」高橋一夫・大津正和・吉田順一編著『1からの観光』碩学舎，121ページ

値」に区分されるという（図表9-2.参照）。元来，地域の特産品や観光地が「地域ブランド」の対象であり，一過性のものであったが，「その地域が独自にもつ歴史や文化，自然，産業，生活，人のコミュニティといった地域資産を，体験の『場』を通じて精神的な価値へと結びつけることで，『買いたい』『訪れたい』『交流したい』『住みたい』を誘発するまち」（電通abic project編，2009，4ページ）へとその定義が変化している。

　動物園は「行きたい価値」を提供するための1つの役割を果たすと考えられる。高橋（2010）は「『行きたい価値』を構築する地域ブランドは，『旅行者（消費者）が，その観光地に行けば自分が求めているもの（旅行目的）を満足させることができると一定の認識をしており，一方でその観光地は旅行者の期待に応えるだけの価値を提供し続けることで，旅行者と観光地の間にできあがったある種の絆』のことである」（高橋，2010，120ページ）という。動物園が中心となって新たな価値を提供することにより，その地域が活性化することも考えられる。

3．観光施設としての動物園のブランド化

　動物園が地域観光の中心となり，地域活性化している端的な例は，別章（特に第2章）で検討されている北海道旭川市の旭山動物園であろう。「行動展示」という独自の展示方法で，全国から多くの観光客を集めている。入園者数は1996年度の26万人から，2006年度には300万人を突破している。一方，改革を始めた1996年から2001年度まで6年間の設備投資と入園者増加をあわせた総合波及効果は，43億1065万円と旭川市は推計している（谷，2010，90ページ）。旭川市の経済に大きなインパクトがあったといえる。旭山動物園がブランド化し，「行きたい価値」を提供できる観光施設であることを物語っている。

　また，第4章で検討している水族館は，地域観光の中心としての役割を果たすことが多い。工藤（2011）は動物園と水族館は対照的な施設であると指摘する。夏は暑く冬は寒い，また特有の臭いがする動物園は幼児・小学生とその親や祖父母の利用が多い。一方，エアコンが効いていて快適で，臭いもない水族館は，デートで利用する若者も多い。こうした違いが，観光施設としての水族館を成

り立たせているといえよう。

たとえば,国内外を問わず年間270万人の入館者数を誇る沖縄美ら海水族館は,沖縄最大の観光スポットの1つとなっているし,おんね湯温泉山の水族館は北見市留辺蘂町(るべしべ)の,しかも交通の便の悪い立地にありながら開館から1カ月で5万人の入園者を達成し,近くのショップや旅館などの売り上げが大きく伸びたという。

このように,動物園や水族館が地域の観光施設の軸となり,地域経済の活性化に一役を買っている事例がみられる。つまり,「行きたい価値」を構築できたブランドとして動物園や水族館も存在しているといえる。

4. 観光施設としての動物園の限界

しかしながら,動物園という施設の限界もある。谷(2010)は,動物園のような公共事業としての観光施設は,広域からの集客を意識するよりも,地域に根ざした観光施設であると考えたほうが適切だと指摘する。つまり「日本全国を対象にするような超広域から集客することを前提にするより,地域住民を対象にその地域独自の考え方・事業運営方針をしっかりともった施設運営を目指すことが,過剰投資を招いたり,閑古鳥が鳴いているような運営状態になったりすることを回避できるし,結果的に税金の無駄遣いも防ぐことができる」(谷,2010,95ページ)のである。動物園を訪れるのは「100km圏内に住む人」といわれており,日本各地から入園者がある旭山動物園は特別な存在なのである。

すなわち,広域から観光客を誘致するために投資をすることを目指すよりも,動物園のもつ地域の文化・教育施設としての側面に注目し,そのミッションを実現するための活動を通じて観光価値を提供することが動物園に求められているのである。そうすることで地域の活性化が可能になっていくと考えられる。

そこで,動物園という組織が地域の中で果たす役割について具体的に検討していこう。その一例として,地域の風土・文化保全の手段としての動物園の役割をみていくことにする。

Ⅲ. 地域風土・文化保全の手段としての動物園

1. 地域ブランド概念の拡張

　前述したように，地域ブランドといっても特産品や観光地を対象とした一過性のものではなく，地域そのものを対象とするように変化してきた。そこでは，購買や観光が中心となった経済的拡大のみではなく，地域への誇りや愛着の創造，そして地域の持続的発展が地域をブランド化することが目的となっている（電通abic project編，2009，19ページ）。前節で検討した観光の軸としての動物園は従来型の地域ブランドであり，観光地としての動物園をブランド化の対象とし，一過性の顧客との関係構築を目的としているといえる。しかし，こうした経済的拡大の成功事例は少なく，むしろ観光施設としての動物園の限界が指摘されている。

　そこで，拡張された地域ブランド概念を応用することが必要である。すなわち，動物園だけでなく，その立地する地域そのものをブランド化の対象と考え，

図表9-3. 地域ブランドの視点の違い

	従来の地域ブランド論	新しい地域ブランド論
ブランド化の対象	特産品・観光地	地域そのもの
顧客との関係	一過性	長期継続的
地域ブランド化の目的	経済的拡大（購買・観光）	地域への誇り・愛着の創造＋持続的発展 （購買・観光・滞在・居住）
地域ブランドの評価	経済的・行動的指標	経済的・行動的＋体験価値指標
地域ブランド・コンセプト・メーキング	流行の追いかけor地域資産ベースによるコンセプト・メーキング	地域資産と社会文化文脈のすり合わせによる体験価値ベースによるコンセプト・メーキング
地域ブランドの単位	行政区単位	体験価値カテゴリー単位
地域ブランド・コミュニケーション	単発的・散発的プロモーション	コンセプト主導による統合的かつ段階的なコミュニケーション設計
地域ブランド・マネジメントの担い手	まとまりがない地域内の人や組織	地域内外の人や組織の協働
地域と企業のかかわり	ブランド価値視点の欠如	企業ブランドと地域ブランドの共鳴，関係性づくり

（出所）　電通abic project編（2009）『地域ブランドマネジメント』19ページ（一部変更）

顧客(入園者)との長期継続的関係を構築し維持していく。そして，さまざまな活動を動物園が主体となって行い，地域への誇りや愛着などを創造し，これらをベースとすることで地域をさらに持続的に発展させていくことが可能になる。このような地域ブランド化を進めることで地域に根ざした動物園としての役割を果たすことが可能になるだろう。

　端的にまとめると動物園が行う活動として，① 地域コミュニティの「場」を構築すること，② 地域の他主体(アクター)に地域の独自性を認識させ共有させること，さらに，③ こうした活動を通じて新たな地域ブランドを構築していくことがあげられる。次項では，動物園が元来有している目的である，地域風土・文化保全機能に立ち返り，着目しながら検討したい。

2．動物園の地域コミュニティ維持機能

　すでに別章で述べられているように，(公社)日本動物園水族館協会の飼育ハンドブックには，動物園の目的として「① 教育，② レクリエーション，③ 自然保全，④ 研究」があげられている(石田，2010)。なかでも，③ 自然保全について，動物園の場合は絶滅危惧種の保全，とくに生育域外(動物園)での繁殖が主たる課題になっており，本来的な意味での自然保護である生息地環境の保全(たとえば，生息地における繁殖など)の自然保護活動は，地元の協力や多くの出資が必要となり，なかなか進まないという結果になっている(石田，2010，18ページ)。

　しかしながら前述したように，コミュニティは地域の独自性を有しており，その地域性の基盤となるのが風土・風水である。そのため，地域コミュニティを維持する意味でも，動物園が所在する地域の自然保護活動は不可欠になってくる。石田(2010)は，「昭和40年以降に郊外に進出した動物園であるならば，失われつつある里山の再生や地域種の保全などがありうる。広い意味では，地域に焦点を絞った活動，地域活動への参加など地域に親しまれ，存在意義を示すことのできる日常的活動が必要である」(石田，2010，221ページ)と言及する。こうした指摘は，前述の地域に根ざした観光施設としての動物園の意義を高め

第9章　地域マネジメントのプラットフォームとしての動物園

るものであるといえよう。すなわち，地域の独自性を動物園が維持，あるいは再生することによって，その地域性(独自性)を体験する場として動物園が機能することにつながり，近隣住民の地域に対する誇りや愛着を生み出し，新たな地域ブランドの構築につながっていくのである。

次節以降では，こうした活動に先駆的に取り組んでいる「富山市ファミリーパーク」の事例を検討していこう。

Ⅳ．富山市ファミリーパークの里山再生活動

1．概要と沿革

富山市ファミリーパークは1984(昭和59)年に開園し，富山市街地西方約5.5km，里山の自然が広がる呉羽丘陵南部の都市計画公園である城山公園内に位置している。敷地面積は33ヘクタール，東京ドーム8個分の広さを有している。

飼育動物は90種884点(2012年11月1日現在)を数えるが，タヌキやカモシカなどの日本産動物の展示と保全に軸を置いており，ツシマヤマネコやライチョウをはじめとした稀少野生動物の保護増殖，日本鶏や木曽馬など，在来の家

図表9-4．富山市ファミリーパーク　沿革

1971(昭和46)年3月	富山市城山公園基本計画の策定(日本公園緑地協会)
1974(昭和49)年3月	城山北方動物園基本構想の策定(日本公園緑地協会)
1978(昭和53)年3月	動物園基本計画(世界野生生物基金日本委員会)
1980(昭和55)年12月	城山公園土地利用基本構想がまとまる。
1981(昭和56)年2月	ファミリーパーク建設基本計画が策定される。
1982(昭和57)年9月20日着工	3カ年の継続事業として進める。
1984(昭和59)年4月27日竣工	翌日4月28日に開園する。
1993(平成5)年7月	中国から「金絲猴」の借用展示(100日間)
1995(平成7)年3月	開園10周年記念として2カ年継続事業のバードハウス竣工
1999(平成11)年3月	レッサーパンダ舎竣工
2004(平成16)年8月	開園20周年記念事業　オオカミ舎竣工
2005(平成17)年3月	開園20周年記念事業　自然体験センター，馬厩竣工
2006(平成18)年3月	ヤマネコ舎竣工
2011(平成23)年3月	里山生態園竣工

(出所)　富山市ファミリーパーク提供資料

畜の保全を進め，命の大切さと人と動物との関わりの大切さを伝える事業に取り組んでいる。

また富山市ファミリーパークは「人を元気に，森を元気に，いのちを元気に，地域を元気に」というコンセプトのもと，動物管理事業，地域事業，里山事業を大きな柱として，事業運営を行っている。園内に広がる里山を整備し，市民が里山を知り，楽しみ，憩い，集う事業を進め，市民とともに新しい里山づくりに取り組んでいる。さらに，地域の施設や住民と連携し，富山市ファミリーパークをはじめとした呉羽丘陵がもつ多様な資源を活用し，市民が気軽に訪れる森の賑いづくりを行っている（富山市ファミリーパーク提供資料より）。

2．富山市ファミリーパークの特徴

前述したように，富山市ファミリーパークは，園内に残された里山を活用して，そのなかでの生き物をそのまま復活させることを目指した「展示」を行っている。それは，動物園の設計，施工技術を離れて地域の自然へと目を向ける思想に基づいている。また日本産動物と地域の動物を重視し，地域住民の参加を促し，自然学習と自然観の再生を図っている。

たとえば，呉羽丘陵に多くみられたホタルの群生地を復元させるために，2006年10月に「ホタルのおやど」を整備している。約 $20m^2$ の面積を有しているこの施設は，地元校下の住民や子どもたち，造園業者が中心となって園内を流れる用水路を整備・復元・保全している。翌年からはホタルの乱舞がみられ，毎年，ホタル観察会などを通じて地域の子どもたちの野外学習や住民との交流を図っている（富山市ファミリーパーク提供資料より）。

また，2011年3月に公開を開始した「里山生態園」では，呉羽丘陵の里山という自然を舞台として，自然の中で自然とともに生きるニホンザルやホンドギツネ，ニホンカモシカ，ニホンジカなどの動物本来の姿を観察したり，モグラやホタルなどの小動物の飼育や里山再生などを体験したりすることができる施設を目指しており，身近な自然とのつながりを体験・学習・観察することを目的としている。

第9章　地域マネジメントのプラットフォームとしての動物園

図表9-5.「ホタルのおやど」

（出所）　富山市ファミリーパーク提供

図表9-6.「里山生態園」

（出所）　富山市ファミリーパーク提供

　現在，富山市ファミリーパークの入園者数は増加傾向にある。呉羽丘陵の里山を舞台とした多彩なイベントや2008年からの通年開園の実施，富山市内共通パスポートの導入などによって，毎年26万人前後の入園者数で推移している。

189

また，2011年度は27万280人であり，さらに2012年度は過去最多の入園者数だった1993年度の32万5206人に迫る勢いである(北日本新聞，2012年12月31日付)。入園者が増加した背景にあるのは，富山市ファミリーパークの活動への理解者が増えたことだという(富山市ファミリーパーク園長，山本茂行氏インタビュー，2013年1月24日，より)。「人を元気に，森を元気に，いのちを元気に，地域を元気に」という富山市ファミリーパークへの支援の輪が拡大している。行政(富山市)はファミリーパークの活動に賛同し入園ハードルを下げている。また富山のメディアが応援してくれている。その結果，住民が富山市ファミリーパークを自慢し始める。さらに，それが支援の輪を拡大する要因になっている。こうした好循環によって入園者が増加していると山本茂行園長は分析している。

3．里山への注目

こうした活動を可能にしている"エンジン"が園長の山本茂行氏である。山本園長は，もともと動物園が好きではなかった。「野にあるものは野にあるべし」というスタンスを基本としていて，動物を知りたかったら自分が汗をかいて山に何日もこもって見に行くべきであって，見物した後は静かに去るべきだと考えていた。しかし，そういうことができる環境がなければ難しい。昔は可能だったものの都市化するなかで，都市の装置として博物学的な動物園が誕生した一方で，動物が収集されてくるもとである自然が破壊され，人が自然を知らなくなってきたと考えていた。自然を知らなくなる社会の中で，自然に関心ある人をつくらないと，「人が自然の中にあるべき」という社会が実現できなくなるという思いをもっていた。反面教師的にそういう装置としての動物園に作りかえなければならないと考えるようになった。そのため，自分の足や五感で感じられるエリアを対象としようと考えた。そこで日本の動物，富山の動物，郷土の動物を中心とする動物園を組みたてることにした。

また，当初，山本園長は富山市ファミリーパークのある呉羽丘陵の自然を守るために，人の手を入れないことを考えていた。しかしその考えが崩れた。ホ

第9章 地域マネジメントのプラットフォームとしての動物園

クリクサンショウウオの産卵地が消失していったのである。ホクリクサンショウウオが産卵する湿地は田んぼなど人間の手によってつくられたものであった。放置して手を出さないと，水が流れる場所と乾燥する地面に分かれてしまい，産卵できなくなった。そこで「里山」という概念にたどり着き，人が手を入れることを進めていった。しかしそれはあくまで園内だけのことであった。

さらに，もう1つの転機が訪れる。2004年に熊が大量出没することがあり，都市化していくなかで放置されていく里山の現状を知ることになった。人と自然がともにあり，野生の動物を知るという「場」そのものの均衡が崩れてきていることを知った。しかし，政治家や研究者などをはじめ，社会のあらゆる人たちが，自然，動物，環境についてあまりに勉強してこなかったのではないかと山本園長は考えた。そこで動物園が果たす役割があるという信念に至ったのである。自然についての知識や技術を活かして人と自然の関係を再構築することに動物園は寄与できると考え，園内だけでなく「地域」という尺度で見直すようになった。そして，地域課題，たとえば過疎化や地域活性化に対して，「動物」という点から発言できるのではないかと考えるようになった。そうして里山事業が富山市ファミリーパークの中心事業の1つとなっていったのである。山本園長は，2004年に熊が大量に出没するまでは園内での「里山ごっこ」であり，「自己満足」だったと述懐している（富山市ファミリーパーク園長山本茂行氏，インタビュー，2013年1月24日，より）。

そして，「未来に呉羽の里山を残していこう」という意志のもとで，地域の主体が連携し，「悠久の森実行委員会」を発足させ，里山に関連するイベントや体験ツアーなどを実施し，現代にあった「新しい里山」を作り出すために活動している。地域課題を市の施設である動物園が全てを担うには限界がある。そこでネットワークを組んで活動を進めていく仕組み作りを行った。動物園が中心（事務局）になっているが，地域のさまざまなアクター（主体）とコラボレーションしながら活動している。これまでの里山再生活動時の市民団体とのつながりを活かし，それをベースとして呉羽丘陵で新しい里山の活用を考え，市民の健康や自然に対する関心に寄与できるような里山の再利用を提案しようと考えた。

そのために「この指とまれ」という形で，悠久の森実行委員会を立ち上げた。現在，呉羽丘陵の歴史・自然・芸術・農業などの魅力を，それぞれ協力主体が得意とする施設や団体の指導のもと体験する活動を行っている。

4．地域ブランドとしての里山

山本園長は，こうした里山の再利用を「呉羽ブランド」としてつくっていくことが究極の目的という。

たとえば，「医療」,「健康」,「癒し」などと，呉羽丘陵の活用や生き物とをコラボレーションするようなことを考えているという。すなわち，エコ・ツーリズムやエデュケーショナル・ツーリズム，またネイチャーセラピーの場としての呉羽丘陵である。また，丘陵を舞台に，便利な生活の中で人に依存したために失ってしまった「生きる力」を育んでいきたいとの希望をもっている。いわば冒険環境教育の舞台としても呉羽丘陵を考えているのである。このように，呉羽丘陵を一種の「フィールドミュージアム」とすることが目的であるという。また当然ながら，こうした活動を動物園単独で行うことは不可能であり，さまざまな地域主体が力を発揮することが期待されている。

そして，こうした活動を通じて，教育とビジネスを結び付けることが可能になれば，収益面でもプラスの効果が期待でき，動物園の活動を継続するための「燃料」を得ることができる。たとえば，企業で働く労働者に「癒し」を提供できる場としての呉羽丘陵を活用することを考えているという。

まさに里山再生は,「行きたい価値」を提供し，また地域への誇りや愛着・持続的発展を提供する地域ブランドとしての役割も果たしているのである。

Ⅴ．さらなる事例の検討

1．地域協働の場としての動物園

観光・レジャーの手段としての側面をもつ動物園であるが，地域に根ざした存在である。そのため，地域に密着した活動も行わなければならない。その1

第9章　地域マネジメントのプラットフォームとしての動物園

つとして，富山市ファミリーパークの里山保全・再生活動の事例を検討してきた。

しかし，こうした活動が動物園単独でできるかと言えば限界がある。動物園の多くは地方自治体(特に市立の動物園が多い)が運営母体となっているが，近年は自治体の財政難からその目的を果たすことは容易ではない。そこで地域のさまざまなアクターを巻き込みながら事業を進めていくことが求められる。

前述した富山市ファミリーパークが中心となっている「悠久の森実行委員会」には，地区自治振興会，小中学校・大学等の教育機関，NPO法人，行政機関など45団体・3個人が会員となっている(2012年3月現在)。こうした会員がそれぞれ得意な分野でお手伝いすることで，里山の再生，さらには地域の活性化が可能になると考えられる。また，里山再生活動によって地域住民の意識が変化してきている。

たとえば，園内でホタルを増加させようという運動を行っている。三方コンクリートの用水が水源であるが，農業繁忙期には泥掃除(泥上げ)をするのでホタルの幼虫の餌となるカワニナなどが死滅し生存ができない。しかしこういう運動をすることで，地域住民の意識が変わってきた。その時期は農薬を使わない，あるいは泥上げの時期を変更するなどの協力が得られるようになったのである。そのうちに，ボランティアでホタルを増やす作業を手伝ってくれたり，ホタル観賞のための夜間開園時に地元自治会が交通整理とガイドに来てくれたりするようになった。おかげで，昨年(2012年)，1日あたり2時間の夜間開園を4日実施し2万人の来園者を集めたが，事故もなく開催することができたという。

さらに「悠久の森」の活動でさまざまな資源を出し合ってコラボすることにより，異業種の人たちとのつながりが個別にできてきている。地域内の資源のコラボレーションも起き，地産地消に関わる若手の人たちもこの呉羽丘陵のファミリーパークを拠点としてここで何かやりたいという意識が高まっている。まさに地域のプラットフォームとしての動きが出てきている。今後はその活動をより活性化するために33ヘクタールの半分を入園無料化する計画である。

また，富山市ファミリーパークは地域教育にも力を入れており，里山保全活

動が多くの住民に理解されるようになってきている。こうした地域住民の意識変化によって，里山保全事業を進めやすくなっている。このように動物園は地域住民にとって教育施設という側面をもつ。詳細は次章で検討したい。

2．制度的企業家としての役割

では，なぜ住民意識の変化が生まれて来たのだろうか。それは，富山市ファミリーパーク園長である山本茂行氏の果たす役割が大きい。前述したように山本園長が確固たる組織ビジョンをもち，「里山」を軸とした動物園の在り方を考えた。さらにこうしたビジョンを広く徹底させるために自らが行政や地域，企業とのつながりを紡ぎ出すヨコ糸となり活動してきた。たとえば，山本園長自らが地域と企業を回り，プレゼンテーション資料も自ら作成し，資金集めを行った。すなわち，これまでの事例でも指摘されたビジョナリー・リーダーとしての役割を果たしていたといえる。

またこうした活動によって，前項で述べた地域住民の意識変化を生み出している。これは，組織論のなかでも制度派組織論と呼ばれる分野において今日盛んに議論されている「制度的企業家(institutional entrepreneur)」の議論に当てはまると考えられる。

制度派組織論は，1950年代に展開された旧制度派組織論と1970年代後半以降に登場した新制度派組織論に分けられる。特に，新制度派組織論では，技術や規模といった環境要因(技術的環境)だけでなく，社会や文化などの環境要因(制度的環境)によってもその組織構造が規定されることに注目する。また，組織は社会に広く認知されている価値や規範といった制度的ルールに従うことで正当性を確保し，その結果，社会的支持を得ることができて存続が可能になると指摘する(Meyer & Rowan, 1977)。非営利組織は企業よりも社会的な存在と考えられ，社会(制度的環境)からの影響が強く，制度的ルールに従うことにより正当性を確保することが永続するためには必須である。そして，同じような制度的環境下におかれた組織が同型化していくことを指摘している。動物園の場合も同様に社会的な側面が強い組織であるため，技術的環境よりも制度的環

第9章 地域マネジメントのプラットフォームとしての動物園

境に強く影響される。

　ただし，最近では単に組織を制度的環境に縛られた存在として考えるのではなく，制度的環境そのものを変化させることも可能であると考えられている。その主体となるのが「制度的企業家」である(e.g. Greenwood & Suddaby, 2006；高橋，2007)。まず，制度的企業家精神(institutional entrepreneurship)とは「特定の制度的アレンジメントに関心をもち，新規制度の創造，または既存制度を変革するためにさまざまな資源を利用するアクターの活動」(Maguire, Hardy & Lawrence, 2004, p. 657)であり，制度的企業家は「新制度の構築や制度の変革に対する責任があると考えられるアクター」(Hardy & Maguire, 2008, p.198)と指摘されている。

　制度的企業家の事例として，カナダにおけるHIV/AIDsの治療事業成立に関するマグァイアらの一連の研究(Maguire, Phillips & Hardy, 2001；Maguire, Hardy & Lawrence, 2004)があげられる。彼らは，HIV/AIDs感染者による非営利組織に所属する3名の制度的企業家が行政やマスコミなどに影響を与えながら，望ましい制度的環境を構築していったと指摘している。また，Greenwood & Suddaby (2006)は，5大会計事務所の主たる業務が「会計」から「合併・買収のコンサルティングなどの専門分野」へと変更した際に，専門職資格制度に深く関与していた5大会計事務所が中心となって(制度的企業家として)，専門領域の拡大を働き掛け，結果，制度的環境が変化し，合併・買収のコンサルティング等の分野へ進出が可能になったと言及している。

　富山市ファミリーパークの事例の場合では，園長の山本茂行氏の行動によって，行政やマスコミへの働きかけや，地域アクターへ参加を促したことで近隣地域に新たな意識の変化を生み出し，望ましい制度的環境を構築したといえる。そしてこれまで動物園にもっていた考え方が変化し，動物園の活動に正当性が与えられたと考えられる。その結果，入園者の増加や行政の支援を受けられるようになった。また，富山市ファミリーパークという個別の組織だけでなく，他の動物園でも同様の動きが広まりつつある。

3．事例からみえてくる地域ブランドとしての動物園

　本章では，地域コミュニティの経営，特に「地域ブランド」をキーワードに動物園が地域において果たす役割について検討した。結果，次の2点が指摘できる。すなわち，①観光資源としての側面と，②風土・文化の保全機関としての側面である。

　しかし，観光資源としての動物園について検討し，地域ブランド構築の一翼を担う可能性について言及したが，成功事例は少ない。そこで，地域(コミュニティ)の元来の定義に立ち戻り，地域の固有の風土・文化を生かした地域ブランド構築が必要であると考える。特に動物園が果たす役割は，自然保護であり地域風土保全である。

　だが，動物園(あるいは動物園の運営母体)のみがこうした活動を行うには限界がある。そこでさまざまな地域の主体を巻き込みながら活動することが求められる。そうすることによって，地域住民もこれまで気づかなかった地域のコア・コンピタンスに気づくことになり，住民の意識変化によって新たな「地域ブランド」が生み出される可能性がある。そして，こうした制度的環境の変化によって，さらに多くの人々が場に集まってくる。このような「地域のプラットフォーム」としての役割を担うことも今後動物園に求められる1つの方向である。

　また，動物園が地域に果たすべき役割は自然保護や地域風土保全活動だけではない。たとえば地域住民にとって教育施設という側面をもつ。次章では，動物園が地域に果たす役割の2つ目として，教育普及活動について検討しよう。

引用・参考文献

石田戢(2010)『日本の動物園』東京大学出版会
工藤保則(2011)「動物園・水族館」安村克己・堀野正人・遠藤秀樹・寺岡信吾編著『よくわかる観光社会学』ミネルヴァ書房
黒岩健一郎・水越康介(2012)『マーケティングをつかむ』有斐閣
高橋一夫(2010)「観光地の集客イベント事業―観光デザインと地域ブランドによる観光創造」高橋一夫・大津正和・吉田順一編著『1からの観光』碩学舎
高橋一夫・大津正和・吉田順一(2010)『1からの観光』碩学舎
高橋勅徳(2007)「企業家研究における制度的アプローチ：埋め込みアプローチと制

度的企業アプローチの展開」『彦根論叢』(滋賀大学)第365号
田中豊治(1999)「分権型社会におけるまちづくり協働システムの開発―住民と行政を結ぶ中間組織の編成原理」『組織科学』第32巻第4号
谷光(2010)「博物館・水族館・動物園―収益性と公共性の両立」高橋一夫・大津正和・吉田順一編著『1からの観光』碩学舎
電通 abic project 編(2009)『地域ブランドマネジメント』有斐閣
船津衛・浅川達人(2006)『現代コミュニティ論』放送大学教育振興会
松嶋登・高橋勅徳(2009)「制度的企業家というリサーチ・プログラム」『組織科学』第43巻第1号
山本茂行(2000)「地域社会のメディアとしての動物園へ」渡辺守雄ほか『動物園というメディア』青弓社
吉田忠彦(2004)「ミッションと経営理念」田尾雅夫・川野佑二『ボランティア・NPOの組織論』学陽書房
渡辺守雄ほか(2000)『動物園というメディア』青弓社

DiMaggio, P. J., & W. W. Powell (1983) "The Iron Cage Revisited: Institutional Isomorphism and Collective Rationality in Organizational Fields," *American Sociological Review*, Vol. 48.

Greenwood, R. & R. Suddaby (2006) "Institutional Entrepreneurship in Mature Field; The Big Five Accounting Firms," *Academy of Management Journal*, Vol. 49, No. 1.

Hardy, C., & S. Maguire (2008) "Institutional Entrepreneurship," Greenwood, R., C. Oliver, K. Sahlin, & R. Suddaby (eds.), *The SAGE Handbook of Organizational Institutionalism*, SAGE Publications.

MacIver, R. M. (1924) *Community*, 3rd ed., Macmillan and co. (中久郎・松本道晴監訳『コミュニティ』ミネルヴァ書房, 1975)

Maguire, S., N. Phillips & C. Hardy (2001) "When 'Silence = Death', Keep Talking: Trust, Control and the Discursive Construction of Identity in the Canada HIV/AIDs Treatment Domain," *Organization Studies*, Vol. 22, No. 2.

Maguire, S., C. Hardy & T. B. Lawrence (2004) "Institutional Entrepreneurship in Emerging Fields: HIV/AIDs Treatment Advocacy in Canada," *Academy of Management Journal*, Vol. 47, No. 5.

Meyer, J. W., & B. Rowan (1977) "Institutionalized Organizations: Formal Structure as Myth and Ceremony," *American Journal of Sociology*, Vol. 83, No. 2.

第10章 教育の場としての動物園

I. 動物園の教育活動

　第6章でも検証されているが、青少年教育の場も動物園が果たすべき重要な役割である。「歴史的にみると動物園は教育を基本にしてつくられてきた」(石田, 2010, 142ページ)というように、動物園にはもともと社会教育・青少年教育の場としての役割があった。また、若生(2010)は、今日の動物園に求められているものは、野生動物を娯楽の対象として捉えるのではなく、動物園で野生動物に出会うことで利用者の生命観に刺激をもたらし、野生動物が暮らす環境に思いをはせて、環境観を育てていくという姿勢であるという(若生, 2010, 215ページ)。レジャーを提供する側面だけでなく、教育を通じて社会貢献あるいは社会インフラを提供することが動物園にとって重視されてきていることを意味している。

　また、石田(2010)は、多様な特徴をもつ動物たちをみることによって以下の6点を得られると指摘する。すなわち、①種の多様性、②生息地の環境、③形態と生物物理、④進化、⑤雌雄・個体・個性、⑥イメージのふくらみ、である。そして、動物園での教育上の特質について、「楽しさ」「動物に注目する」「対象が生きて、動くこと」をあげており、これが動物園という施設を普及させた理由であるという(石田, 2010, 146-148ページ)。

　さらに中島(2011)は、エンターテイメント(Entertainment：楽しみ)とエデュケーション(Education：教育)の造語である「エデュテイメント」という概念を用いて動物園における教育とレジャーとの関係を考察している。彼女は、たとえば旭山動物園のような行動展示によって来場者は楽しみながら動物の生態を学

習することができると指摘する。そしてエデュテイメント活動が来場者数増加に貢献したケースを紹介している。

　すなわち，教育の場だけでなく，その一方で楽しさを有するという，教育とレジャーの両面を持ち合わせているところが動物園の特徴であるといえよう。また，第9章で述べたように，地域に根ざした施設であるという特徴から，動物園は多くの地域主体とのコラボレーションが求められる。教育面でも同様であり，地域の教育機関との連携が不可欠である。地域社会への貢献(特に社会教育への貢献)は動物園の果たすべき社会的責任であり，動物園の使命(ミッション)であるといえよう。

　こうしたミッションをもつ動物園ではあるが，一方でまったく収益を度外視することもできない。これまでにも議論されていることであるが，まったく採算を度外視して動物園を運営することは不可能である。

　次節以降で，経営学的な視点から企業の社会的責任について議論し，同じように動物園における社会的責任について検討していこう。

Ⅱ. 企業の社会的責任と動物園の社会的責任

1. 企業の社会的責任とは

　倫理的期待水準の向上とともに，企業は単に利潤を最大化するという経済的責任だけではなく，営利活動にともなう全ての問題に対して責任を負わなければならないという考え方が浸透してきている。これを企業の社会的責任(Corporate Social Responsibility：CSR)という。CSR の定義は多様で明確ではないと言われているが，シンプルに定義すると「企業活動のプロセスにおいて社会的公正性や倫理性，環境や人権への配慮を組み込み，ステイクホルダーに対してアカウンタビリティ(説明責任)を果たしていくこと」(谷本，2006，59ページ)である。

　企業はより良い製品やサービスを提供することで利潤を獲得し，市場経済を活性化させるという経済的責任を負う。また利潤獲得によって，従業員の雇用

や株主への配当を行うことができる。しかし，企業は社会の一員としての一面ももっている。そのため，単なる経済主体としての責任だけではなく，顧客や地域社会といったステイクホルダーも含めて，全てのステイクホルダーに対しても責任をもつと考えられるようになっている。具体的には，企業活動において，法規則（法令など）や社会的規範を遵守することであるコンプライアンス（法令遵守）や会計と責任の合成語であり組織体の財産情報などをきちんと説明することであるアカウンタビリティ（説明責任）の推進，企業や組織の不祥事などを防止するためそれらを監視・規律化すること，またはその仕組みをさすコーポレート・ガバナンス（企業統治）の構築などが求められる。

　また，CSR は 3 つの次元に分けられる（谷本，2006，67-70 ページ）。まず CSR の基本となるのが，経営活動あり方そのものが問われることであり，日常の経営活動のあらゆるプロセスに社会的公正性や倫理性，環境や人権への配慮を組み込んでいくことである。つぎに，今社会に求められている課題に対して，企業がその知識や技術を活用し，事業として新たな社会的商品やサービス，社会的事業を開発することである。最後は，社会貢献活動であり，事業活動を離れ，コミュニティが抱えるさまざまな課題解決に経営資源を活用し支援することをいう。

　では，動物園はどうだろうか。地域貢献や環境対策は企業だけでなく動物園を含めてあらゆる組織に求められている。さらに，コンプライアンスやアカウンタビリティの推進，コーポレート・ガバナンスの構築やリスク・マネジメントなど，動物園が行わなければならない活動は多い。CSR の 3 つの次元のうち，最初の経営活動そのもののあり方でいえば，コンプライアンスやアカウンタビリティの促進はもちろんのこと，動物虐待の防止やリスク・マネジメントなどが含まれる。また社会的事業では，動物園内での社会教育活動や第 9 章で取り上げた里山保全活動などが考えられる。そして社会貢献活動は，動物園のもつ専門的知識を生かした園外での教育普及活動や傷病動物の治療などが想定できる。

第10章　教育の場としての動物園

図表10-1. CSRの3つの次元

■ CSR＝企業のあり方そのものを問う

① 経営活動のあり方	経営活動のプロセスに社会的公正性・倫理性，環境や人権などへの配慮を取り込む〈戦略的取り組み〉
	環境対策，採用や昇進上の公正性，人権対策，製品の品質や安全性，途上国での労働環境・人権問題，情報公開，など
	→〈法令遵守・リスク管理の取り組み〉と 　〈企業価値を創造する積極的取り組み〉 　　　（＝イノベーティブな取り組みの必要）

■ 地域の社会的課題への取り組み：社会的事業

② 社会的事業	社会的商品・サービス，社会的事業の開発
	環境配慮型商品の開発，障害者・高齢者支援の商品・サービスの開発，エコツアー，フェアトレード，地域再開発にかかわる事業，SRI（社会的責任投資）ファンド，など
	→〈新しい社会的課題への取り組み〉 　　　（＝社会的価値の創造：ソーシャル・イノベーション）
③ 社会貢献活動	企業の経営資源を活用したコミュニティへの支援活動
	1）金銭的寄付による社会貢献 2）製品・施設・人材等を活用した非金銭的な社会貢献 3）本業・技術等を活用した社会貢献（コーズ・マーケティングも含む）
	→〈戦略的なフィランソロピーへの取り組み〉

（出所）　谷本寛治（2006）『CRS　企業と社会を考える』NTT出版，69ページ

2．動物園のリスク・マネジメント

　特に，企業と相違ある動物園の活動として，リスク・マネジメントがあげられる。リスク・マネジメントは，不確実的なリスクを事前に想定し，それらによる損失を回避，もしくは最低限にコントロールしていくためのマネジメント手法である。最近では，住民たちに次つぎとかみつき多くのけが人を出した「かみつき猿」が，飼育員の不手際によって，収容された動物園から逃げ出し話題となったように，猛獣や毒蛇などを飼育している動物園ではこれらの問題はとりわけ重要となる。

　このようなリスク・マネジメントについては，大地震が頻発するわが国では，多くの動物園が厳密な対策を採っている。たとえば，先に紹介した長野市茶臼山動物園では，「長野市茶臼山動物園非常事態の予防および活動要領」を作成し，

動物園年報に毎年掲載し公表している。それによれば，全体の構成は，① 総則，② 非常事態の予防，③ 非常事態の活動，④ 訓練等の4つの項目のほか，別掲資料として「特定動物」「特別措置基準」「自衛活動隊組織（連絡）図」「非常事態対策用器具機材保管基準とその一覧表」が詳細に掲げられている。

①の総則では，要綱の目的，用語，職員の定義，職員の責務が示されている。

②非常事態の予防では，動物の脱出予防，火災の予防，火気取締責任者とその職務，定期点検とその結果報告，不備箇所の是正，事故防止策の進め方，責任者などが明確に定められている。

③非常事態の活動では，特定動物が脱出したときの対応として，非常招集時の連絡方法，活動隊の編成と非常配備方法，任務と隊長，副隊長，通信連絡班，警備誘導班，工作・消火班のそれぞれの任務が詳細に記述され，さらに，動物脱出時，地震発生時，火災発生時など，非常事態別にその具体的任務，指揮者の順位などを含めて詳細に掲げられている。

④訓練等では，訓練内容について，特定動物の捕獲や射殺，地震発生時の消火・救助・避難訓練の実施方法のほか，避難所の設定，非常事態用の機材の維持管理などについてもきめ細かく定められている。

別掲資料の「特定動物」はライオン・トラ，ツキノワグマ，チンパンジーなど，危険な動物が具体的に示されている。「特定基準」資料は，脱出動物の射殺を含む緊急避難的なものであり，特別な実施要領が定められている。「自衛活動隊組織図」は隊長以下，それぞれの連絡網が氏名と電話番号を付記されて示されている（長野市茶臼山動物園「平成20年度動物園年報」より）。

このようなリスク・マネジメントに対しては，阪神淡路大地震の際，神戸王子動物園の井戸水が飼育動物のみならず地域住民に役立った経験を生かした施設内の井戸水の確保など，茶臼山動物園以外でも，それぞれの施設でさまざまな方法でリスクへの対応が行われている。

3．動物園の社会的責任

これまで述べて来たように，企業だけでなくあらゆる組織において社会的責

任を果たすことが求められるようになってきている。ただし，動物園の場合，民間が運営しているものもあるが，その多くは自治体が経営母体となっている。そのため，元来経済的存在とはいえない。また，動物園水族館協会は動物園の目的を，①教育，②レクリエーション，③自然保護，④研究と定めており，けっして利潤獲得が動物園の果たす役割ではないことがわかる。すなわち，動物園は，社会的事業や社会貢献それ自体が目的であり，その目的に沿った形で組織が形成されている。なかでも，「教育」は第一の目的であり，教育を通した社会的事業や社会貢献が動物園にとっては不可欠なミッションである。特に，多額の税金を使って運営されている公立動物園にとっては教育を通じた地域社会への貢献は，その社会的責任として最も重視すべき点である。

　教育施設として社会貢献などがその使命となっており，教育や地域文化のインフラとしての役割を担う動物園であるが，一方で集客数の減少や行財政の悪化によって運営や施設を民営化，営利を追求する民間事業型へと転換している事例も少なくないという（谷，2010，84 ページ）。

　すなわち，教育という動物園の主たるミッションと営利追求のバランスをとることの必要性が増している。そこで，以下では社会責任活動と収益可能性のマネジメントとの関係性について検討していこう。まずは，企業の社会的責任（CSR）活動をキーワードにして，企業組織における社会責任活動と収益可能性についてみていくことにする。

Ⅲ．社会責任活動と収益可能性

　社会責任活動と収益可能性を考えるにあたって，ここではマーケティング活動と社会責任活動との結びつきについて考えていこう。

　まず，企業の社会責任活動，すなわち企業が社会的課題への取り組みを支援する活動は，大きく3つのタイプに分けられる（明神，2009）。①企業として本業との関連の有無を問わずに何らかの社会的な活動に取り組むべきだという「自己満足型」，②企業宣伝や企業のイメージ向上のために行う「マーケティング

志向型」,③社会責任活動を先駆的な事業と理解し,その事業から得られる経験を企業内にフィードバックする効果を考える「ベンチャー型」である。

最初の2つ,「自己満足型」と「マーケティング志向型」は長期的な社会責任活動にはなりそうにないという。本業に関係ない「自己満足型」の活動だと企業がもともともっている経済的存在であるという公共性に反するし,本業に関係ある「マーケティング志向型」の活動であっても,宣伝効果やイメージ向上がなくなった場合に取りやめられる可能性があり,また公共的取り組みに関わる意思決定を一企業が単独で行うと活動の公共性を保つことができないという矛盾がある。一方で,「ベンチャー型」の社会責任活動に取り組む意義は,今まで知らなかった企業の常識と社会の常識との間にあるギャップを認識することであり,その認識を企業内にフィードバックしてギャップを埋める工夫を実践することにある(明神,2009,265-266ページ)。

社会責任活動は,マーケティングの広がりとして期待される分野である。マーケティングの使命が顧客に満足を与え続けることであれば,そのためには,自社の常識と社会の常識の間のギャップを認識し,そのギャップを埋める工夫をすることは不可欠になっている。企業が企業外の諸団体や消費者との社会的関係を結んでいくうちに,自社の常識と社会の常識との間にあるギャップを認識し,これまでの企業活動を反省的に見直すことができる。そのために社会責任活動を通じて,本業とは異質のメンバーとの協働を進めることにより,ネットワークを拡大していくことが求められる。

動物園の場合も同様のことが言えるのではないだろうか。たとえば,社会教育施設として活動するためには,地域の学校や行政,あるいは自治会などと関係をもつことになる。他組織との関係の中から,動物園だけではみえてこなかった強みや価値を見出せると考えられる。さらに,こうした価値が新たな動物園の収益源となることも考えられる。このように,社会責任活動(特に教育)を進めることで収益性の改善も期待できる。

以下では,教育普及活動を重視するいしかわ動物園の事例をみていこう。

Ⅳ．いしかわ動物園の教育普及活動

1．概要と沿革

いしかわ動物園は，石川県が同県能美市(旧辰口町)に新設し，1999年10月9日に開園した県立の動物園である。約23ヘクタールの敷地面積に，188種4,191点(魚類を含む。2013年1月1日現在)の動物が飼育されている。また，獣医を含め45名のスタッフによって運営されている。現在は，(財)石川県県民ふれあい公社が，指定管理者として石川県から委託を受けて管理運営している。

その前身は，1958年に金沢市内で開園された民間のレジャー施設である。1993年に閉園となったが，多くの県民の存続要望を受けて，県が一部を引き継ぎ運営していくことになったものである。

図表10-2．いしかわ動物園全景

(出所) いしかわ動物園提供資料

図表 10-3. いしかわ動物園　沿革

1958（昭和33）年11月	金沢動物園（金沢ヘルスセンター・民間）開園
1993（平成5）年8月	金沢動物園閉鎖
1993（平成5）年12月	（財）いしかわ動物園設立
1994（平成6）年1月	（財）いしかわ動物園運営開始（金沢市卯辰山）
1996（平成8）年7月	新いしかわ動物園建設起工式（辰口町）
1998（平成10）年8月31日	（財）いしかわ動物園閉園（〜入園者56万5000人）
1999（平成11）年10月9日	**新いしかわ動物園開園**
2001（平成13）年12月	第5回環境レポート大賞の環境行動計画部門において，大賞（環境大臣賞）を受賞する。動物園としては全国初。
2006（平成18）年4月	指定管理者制度導入
2010（平成22）年1月	佐渡トキ保護センターからトキ4羽（雌雄2組）受け入れ
2010（平成22）年11月	上野動物園からスバールバルライチョウ（雄2羽）受け入れ
2011（平成23）年5月	1999年の開園以来の入園者数が，400万人を超える。

（出所）　いしかわ動物園（2012）「平成23年度年報」1-2ページより抜粋

2．さまざまな教育活動の実践

　いしかわ動物園は，子どもたちの夢を育む楽しい学習の場づくりとして，子どもたちが緑に囲まれた自然の中で，楽しく，遊びながら動物の生態を観察したり，動物とのふれあいを通じて，自然保護や動物愛護の精神を育むことができるように「楽しく，遊べ，学べる動物園」を基本コンセプトとしている（いしかわ動物園，2012，3ページ）。

　そのため，園内の動物舎は，自然の地形を生かした中に植栽や岩，池などをふんだんに配し，できるだけ動物たち本来の生息環境に近い環境を再現し，また動物たちがとび越えられない幅の堀を巡らせた「モート方式」やガラス越しの観察によって，生き生きとした動物たちの姿を間近に観察できるよう配慮されている。

　こうしたハード面だけでなく，ソフト面での教育普及活動にも多様なプログラムを用意し，積極的に取り組んでいる（図表10-4. 参照）。

　また，動物園が社会教育施設としての役割に十分に対応できるように，専任の職員1名と兼任の職員3名からなる「企画教育係」を設置している。こうした専門部署をもつ動物園は増えてきているが，教育を中心的な課題とした組織を置いている動物園はそれほど多くはない。石田（2010）によると1956年に日本

第 10 章　教育の場としての動物園

図表 10-4. いしかわ動物園における教育普及活動

① 園内ガイド 　毎日園内 20 か所以上で，飼育係による一般来園者を対象としたお食事ガイドを実施。
② 動物とのふれあい 　ウサギやモルモットなどの小動物とのふれあいタイムを開催。キリンなどへの給餌体験を実施。
③ 学校，保育園，各所団体等へのレクチャー 　園内：動物学習センターを中心に年間 82 件，2992 人に実施。 　園外：出前講演，講座などで年間 20 回，1390 人に実施。
④ 教育普及関連のプログラム 　「日曜ひろば」「裏側探検ツアー」「ズーキッズ」「日曜トーク」など，年間計画に従って 42 回，1571 人に実施。
⑤ 体験学習 　サマースクール（小学生対象），職場体験（中学生対象）などを実施。
⑥ 企画展示会の開催 　動物学習センターにて「白山のいきもの」「さんしょううお」など年間 9 回開催。
⑦ 実習 　博物館実習，獣医実習，飼育実習など大学や専門学校よりの実習生の受入。

（出所）　いしかわ動物園（2012）『平成 23 年度年報』より作成

　モンキーセンターが発足したときに学芸部を設定して教育と研究を開始したのが最初である。その後平成に入って教育活動への関心が高まったが，教育担当の部門を有している動物園は 2010 年の時点で 14 園，専任の担当者を置いているのが 10 園を数えている程度だという。しかし，いしかわ動物園では他の動物園に先駆けて，1999 年に新設した時に企画教育係を設置している。いしかわ動物園の規模でこれだけの体制が整っているのは，力を入れている証拠だという（いしかわ動物園園長，美馬秀夫氏インタビュー，2013 年 1 月 25 日，より）。

　今日の動物園は，「命をつなぎ，命を学ぶ場」である。命を絶やすことなく未来につなぎ，命を学び大切にする人をつくることは，地球の未来のために，何にも増して大切なことの 1 つだと，美馬秀夫園長は，教育を重視する理由を語る。特にいしかわ動物園では，以下の教育普及活動を進めている。

(1) トキを通した啓発活動

　いしかわ動物園は，2010年1月からトキの分散飼育を受け入れ，その飼育繁殖に全力を注いできた。トキは，わが国ではいったんは絶滅し，今その復活に国を挙げて取り組んでいる貴重な鳥で，里山や生物多様性のシンボルである。石川県は，本州で最後までトキが生き残った場所で，トキへのゆかりが深い。2011年12月に金沢市で開催された「国連生物多様性の10年」のキックオフイベントで，石川県は「トキが舞ういしかわづくり」を県民共通の目標に掲げ，人と自然が共生する社会づくりを進めることを世界に発信した。

　現状では，トキを直接観察することは許可されていないため，来園者は，園内の動物学習センターのトキ展示映像コーナーでライブ映像をみて，トキ解説ガイドの説明を聞くことができるようになっている。来園者の4割にあたる毎年14万人以上が，トキのライブ映像をみて，トキへの理解・関心を深めている。また，希望に応じて，トキレクチャーも実施し，トキだけでなく佐渡での野生復帰のさまざまな取り組みについても解説している。さらに，「小さなヒナに給餌する人工育すうの様子も，飼育員が説明しながらライブ映像でみてもらった。トキの親鳥がヒナを育てる自然育すうの様子を映すハイビジョン映像に，たくさんの方々が歓声を上げてくれた。この感動こそ，命のかけがえのなさを学ぶことにつながるのだと思う」と，美馬園長は語る（いしかわ動物園園長，美馬秀夫氏インタビュー，2013年3月11日，より）。

　また，2011年からは，ニホンライチョウの未来に貢献するため，上野動物園や富山市ファミリーパークなどと協力して，類縁のスバールバルライチョウで飼育繁殖技術を獲得する共同研究に参加した。

　「いしかわ動物園では，今後，トキだけでなく，ライチョウやイヌワシ，アベサンショウウオといった，地域にゆかりの深い稀少動物の"種の保全"を進めていきたい。そして，これらの取り組みを通して，人は生きものとどのように関わっていくべきか，自然と人が共生する環境作りをいかに進めていくか，広く県民の方々と一緒に考えていきたい。そのことが動物園の果たすべき重要な役割だと思う」と語る（いしかわ動物園園長，美馬秀夫氏インタビュー，2013年3月11日，より）。

第10章　教育の場としての動物園

図表 10-5. トキ展示映像コーナー

(出所)　いしかわ動物園提供

(2) エコ動物園を学ぶ総合学習

　また，いしかわ動物園では環境にやさしいエコ動物園としての対策を積極的に実施している。動物の糞や餌くずなどは堆肥プラントによって有機肥料として草食動物の餌となる青草栽培に活用されている。雨水の利用などの資源の有効活用や自然エネルギーの利用，さらに自然との調和が図られている。こうした活動もまた，地域のエコの見本となり，教育普及活動の1つとなっている。たとえば，地元の和気小学校の5年生が，総合学習として，動物園で「環境について考えよう」というテーマで総合学習を継続している(図表10-6.参照)。

　そして，生物多様性保全や持続可能な社会実現を可能にするための人づくりを行うことも不可欠であるという。そこで学校や地域の人々，企業などと連携することにより，生き物が大好きな子どもたちを増やし，自然も人も地域も元気になるように活動している。特に，学校との連携による教育普及活動が不可欠である。たとえば，多くの小学校が遠足で動物園を訪れることが，単なるレクリエーションの場から学習の場としての利用が多くなっている。小学校だけでなく，中学校では職業体験の場として，高校ではインターンシップやボランティアの場として生徒を受け入れている。また大学でも学芸員実習や獣医実習

図表 10-6. 教育普及活動：和気小学校での総合学習

地域の小学校（能美市立和気小学校）との連携について

実施：平成 24 年度
学年：5 年生
人数：26 名
内容：総合学習「環境について考えよう」

	月日	時間	内容	詳細
1	5月23日(水)	9:40〜11:00	エコ探しと動物とのふれあい	動物園内を見学し、エコの取り組みについて知る。説明は広く浅くし、次回のグループ学習の意欲付けとする。キリンへの給餌体験。
2	6月13日(水)	10:30〜12:00	堆肥ができるまでの学習 班行動によるエコ調べ	全員で堆肥舎を見学後、班ごとに分かれて園内のエコについてより深く調べるための取材を行う。
3	11月3日(土)	AM	地域の人に発信する	班ごとに調べたことをエコ新聞にまとめ、学校近くにある里山交流館で発表する。(動物園の堆肥を参加者に配布する)
4	11月28日(水)〜12月10日(月)	終日	動物園の来園者に学習の成果を公開する	動物学習センターに出来上がったエコ新聞を展示する。

実施：平成 23 年度
学年：5 年生
人数：30 名
内容：総合学習「環境について考えよう」

	月日	時間	内容	詳細
1	6月6日(月)	10:30〜12:00	動物園の環境対策について学ぶ	動物園内を見学し、エコの取り組みについて知る。説明は広く浅くし、次回のグループ学習の意欲付けとする。
2	6月27日(月)	13:00〜15:15	班行動によるエコ調べ	班ごとに分かれて園内のエコについてより深く調べるための取材を行う。
3	11月4日(金)	10:40〜12:00	動物園の学習施設を利用して調べたことを纏める	班ごとに調べたことをとりまとめ、エコ新聞を完成させる。
4	2月14日(火)〜3月12日(月)	終日	動物園の来園者に学習の成果を公開する	動物学習センターに出来上がったエコ新聞を展示する。

(出所) いしかわ動物園提供資料

第 10 章　教育の場としての動物園

図表 10-7．エコ動物園化への取り組み：自然エネルギー（ソーラーパネル）の利用
（出所）　いしかわ動物園提供資料

の受け入れを行っている。

　今後は，教育機関（特に小学校）との連携はさらに密にしていくべきだという。動物園をレクリエーションの場から社会教育の場へと学校側の認識が変化し，総合学習を兼ねた遠足で動物園が利用されることが増えてきているが，もう少し学校と情報交換ができ，協働を進めることによって，さらにプラスになっていくのではないかと考えている。学校・教師と動物園とが協力し合いながら一緒に教育・学習を考え，地元の能美市と動物園とで教育モデルを構築し，試行でも良いからシステム化していくことが必要だと話す（いしかわ動物園飼育展示課長補佐兼企業教育係長，山本邦彦氏インタビュー，2013 年 1 月 25 日，より）。

3．教育と営利性との兼ね合い

　いしかわ動物園の年間入園者数は，近年約 32 万人程度で推移している。内訳は，大人が約 51％，小人（3 歳以上中学生まで）が約 21％，無料が約 28％となっている。

　そして，現状でいえば，いしかわ動物園は入園料収入で総支出のおよそ 4 割

を賄っている。これは公立動物園約70園中でトップレベルにある(ベスト5に入る)という。非常に高い収入をあげている運営状況であると言える。

　しかし，教育と営利性との兼ね合いは難しい。だが，工夫のしがいがあることだと美馬園長は述べている。もちろん収益を上げることも必要だが，動物園には種の保存や環境教育の実施などさまざまな役割がある。この役割をきちんと果たしながら，楽しい動物園の工夫を積み重ねることが大事だと考えている。動物園の最大の強みは，みんなが笑顔になれるすばらしい場であることで，この強みをうまく伸ばしていくことが大切だ，と語る。その具体例として，いしかわ動物園では，春と秋の「ふれあいまつり」をはじめ，多くの楽しいイベントを実施している。なかでも，「ナイト・ズー」は非常に人気の高いイベントである。年間10日程度開催され，通常午後5時の閉園時間を9時まで延長し，幻想的な雰囲気の中で活発に動き回る動物たちを楽しんでもらおうとするものである。夜だけで，合計約4万人を集客する人気イベントとなっている。「ナイトズーでは，野生動物の魅力を最大限に楽しんでもらいたい。その感動から動物たちを大切に思うことにつなげたいと考えている」と，美馬園長は語る(いしかわ動物園園長，美馬秀夫氏インタビュー，2013年3月11日，より)。このように，いしかわ動物園は楽しさの中に教育を埋め込んでいるのである。

　そして今後の展開として，動物園と地域の他の資源とをセットにして教育・学習メニューに取り組んでいきたいという。地域のもつ資源を有効に活用し，動物園と組み合わせることによって相乗効果を生みだし，地域の他主体との協働もさらに進めていきたいという。

4．いしかわ動物園の事例からみえる社会責任活動

　いしかわ動物園では，単なる観光施設としての動物園よりも，むしろ社会教育施設としての動物園の役割を重視している。こうした背景には，学校をはじめ多くの人々が単なるレジャーの場だけではなく，教育の場としての動物園を求めるようになってきていることがあげられる。

　ただし，動物園は社会教育機関だけでなくレジャーを提供するという面も持

ち合わせている。そのため，さまざまなイベントなどで「楽しさ」を提供し，さらにその中に教育的価値をいかに埋め込んでいくかが鍵になってくる。そして，多様な顧客のニーズに応えることも大切であると考えている。教育目的の来園者や観光・レジャー目的の来園者などそれぞれの目的に応えられるように準備しておくことも不可欠であるという(いしかわ動物園飼育展示課長補佐兼企画教育係長，山本邦彦氏インタビュー，2013年1月25日，より)。

　最後に，社会責任活動というキーワードから本事例を分析していこう。まず，教育普及活動は動物園のもつ最大のミッションであり，地域社会に対しての社会貢献活動を担うものである。いしかわ動物園では，①「いのち」をつなぐ，②「いのち」をまなぶ，③みんな「笑顔」になる良い所，という3つの役割を重視し，社会責任活動を果たしている。そしてまた，専門部門を設けるなど，教育普及活動に力を入れている。

　こうした活動は，3節で言及した社会責任活動の3つのタイプのうちの「マーケティング志向型」でいえば，いしかわ動物園の教育普及活動によって動物園そのものに興味をもち動物園を訪れる，またレジャー感覚で動物園を訪れた来園者が教育的価値を見出すことになりリピーターになる，といった効果を生み出すと考えられる。さらに，こうした活動がマスコミを通じて頻繁にPRされるようになってきている。宣伝効果が多いにあるといえよう。

　しかしそれだけではなく，同じく社会責任活動の3つのタイプのうちの「ベンチャー型」のタイプに注目していこう。社会責任活動により他組織との関係が生まれてくる。特に「教育」であれば学校や行政とのかかわりが不可欠である。こうした関わりの中からこれまでになかった新しい視点が生まれ，動物園が活動する強みとなってくると考えられよう。たとえば地元の特有の資源と組み合わせることや，学校・教員との連携を進めることで，これまでになかった新しい視点での教育活動が可能になり，また社会的責任も果たせると考えられる。

V．今後求められる動物園の社会的責任

　企業の社会的責任(CSR)の概念を援用しながら，動物園の社会責任活動としての教育普及活動を検討してきた。動物園という組織は，元来社会的事業を行い，社会貢献活動をすることが求められている。特に，地域社会に対しての教育活動はその代表的ミッションである。また，社会が動物園に求めるものも変化してきている。単なるレジャーの場としてだけではなく，学習の場としての役割がますます求められるようになってきている。こうした期待に応えることが，動物園が存在するためには不可欠である。しかし，教育だけの提供では不十分である。動物園を永続させるためには，何らかの収益をあげていくことが求められる。そのための戦略をもつことが必要である。

　しかしながら，繰り返しになるが動物園(特に公立の動物園)はもともと営利を目的とした組織ではなく，社会貢献活動がそのミッションである。あまりに営利を追求しすぎると，制度的環境(第9章，参照)からの正当性を失うことになる。公共性と営利性とのバランスをとることが課題となってくる。また公営の動物園の場合，運営している自治体の方針に影響されやすい。そのため独自性を発揮することが困難になる場合もある。

　そこで動物園の取り組む社会責任活動を「他者との協働を生み出す場」と考えることが求められる。他者との協働を促し，今までにない社会的関係を結ぶことができれば新たな価値が生み出される。たとえば，教育であれば地域の学校とコラボレーションすることで地域教育に対して新しい方法を提供できる可能性を有している。動物園が単独で計画・実施する以上の相乗効果を生み出すことが考えられる。

　前章で述べたとおり，動物園は地域に根ざした存在である。そのため，地域の他主体と協働することで地域社会の問題解決に貢献することがこれからの動物園に求められる社会貢献活動であり，社会的責任であろう。

　次章では，さらに釧路市動物園の事例から「いのちの教育」をみていくことにしよう。

第 10 章　教育の場としての動物園

引用・参考文献

いしかわ動物園(2009)『いしかわ動物園 10 年のあゆみ』
いしかわ動物園(2012)「平成 23 年度年報」
いしかわ動物園 Web ページ，http://www.ishikawazoo.jp/ (2013 年 2 月 28 日アクセス)
石田戢(2010)『日本の動物園』東京大学出版会
谷本寛治(2006)『CSR　企業と社会を考える』NTT 出版
中島恵(2011)「石川県立いしかわ動物園のマネジメント――新概念エデュテインメントを中心に――」『星稜論苑』(星稜女子短期大学)第 39 号，41-48 ページ
明神実枝(2009)「企業の社会責任」石井淳蔵・廣田章光編著『1 からのマーケティング(第 3 版)』碩学舎
若生謙二(2010)『動物園革命』岩波書店

第11章　これからの動物園が目指すもの：命の大切さ，学びの場としての釧路市動物園

Ⅰ．いのちの大切さを伝える教育現場としての動物園

　「いのちとふれあい　いのちをつむぐ」――何度でも来たくなる動物園――，これは2011年3月に策定した私たち釧路市動物園基本計画の基本理念である。2008年4月，私は定例の人事異動で釧路市教育委員会生涯学習部動物園の園長職に就いた。以来，還暦を迎え定年退職までの4年間，長い役所生活が一変するほどの出来事が押し寄せ，そのなかで時には決断することに悩み，やりきれない悲しみも，また至福の時間さえも幾度なく体感することができた。それらは全てが繋がって忘れられないものばかりであり，突き詰めるとそこに，生きものの「いのち」という言葉に突き当たってしまっていた。

　自分も含め，獣医も飼育担当も物言わない動物たちと毎日向き合い，その向こうにはかれらのかけがえのない「いのち」を常に感じていた。人類誕生以前から種を繋ぎ残してきた動物たちに，人間とは違いながらも，いのちだけをみて生きるという凄さと，時には彼らに敬服するという初めての感情を動物園で味わうことになったのだから。

　それゆえ，これからの動物園づくりの目指すところ，基本計画の策定には，「いのち」を伝える動物園になりたいと，意を強くして盛り込むことにしたのである。

　動物園という人間が作り上げた家城は，「博物館法」でいう「自然史系博物館のうち，生きた動物を扱う博物館」として扱われていて，公益社団法人日本動物園水族館協会では，動物園の役割を4つの目的として次のように挙げている。〔1〕命にふれる憩いの場〜レクリエーションの場，〔2〕楽しく学ぶ〜教育，学ぶ場，〔3〕動物を絶滅させない〜種の保存の場，〔4〕動物のことを深く知る〜調

第 11 章　これからの動物園が目指すもの：命の大切さ，学びの場としての釧路市動物園

査・研究の場である。そして，それぞれの地域の気候風土やそこに住む人たちの生産と生活，文化をも背景として特色あるその土地ならではの動物園を目指しているのである。

　動物園の日常は，これら4つの目的の一つひとつの役割の上にあると言っても過言ではない。動物たちのいのちが誕生し，繁殖して亡くなるまで，また亡くなった後も人々の心に残るエピソードを誕生させるなど，動物たちと私たち動物園スタッフが伝える役割は多岐にわたり大きい。

　本章では，釧路市動物園に棲む動物たちと私たちスタッフとの関わり合いのいくつかを例示しながら，動物園が社会教育施設としても目指していること，また，伝えることが難しいと言われる「いのち」の大切さを伝える教育現場であることを記していくので，感じ取っていただけたなら幸いである。

II.「カムイに会える動物園」

　釧路市動物園は，市の中心部より約18km離れた北西に位置し，1975年10月に国内最東端の動物園，北海道4番目の動物園として開園している。北に阿寒国立公園，東には釧路湿原国立公園が隣接し，「タンチョウ保護増殖センター」も含めると，47.8ヘクタールという国内の公立動物園では最大級の敷地面積を有している。ここに約60種，約460点の哺乳類と鳥類を飼育展示している。また，釧路市動物園は，豊かな森林環境と何より国内最大の湿地である釧路湿原に隣接しているので，園内に湿地環境を併せもつ自然環境の中，特徴的な北方動物に会えることから，『カムイ（アイヌ民族の言葉で神を表す）に会える動物園』をキャッチフレーズとしている。

　釧路市動物園のカムイ（神）で代表的なものは，世界最大のフクロウ，シマフクロウである。シマフクロウはアイヌ語で「コタン・コロ・カムイ」と呼ばれ，村を守る，村の人々の命を守る最高位の神として崇められてきたが，釧路市動物園の飼育環境下に現在14羽，国内の野生に目を向けると，北海道に約140羽ほどが生息し，絶滅の淵にいる。シマフクロウのシマは，縞模様の縞ではな

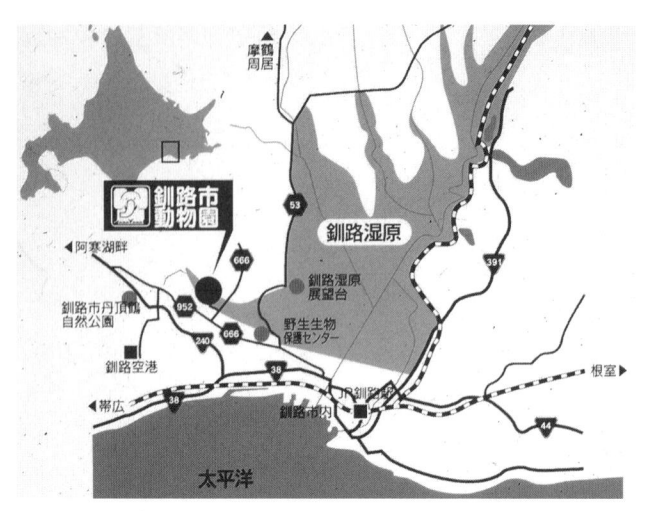

図表 11-1. カムイに会える釧路市動物園

図表 11-2. 山の神キムンカムイは「エゾヒグマ」

く，北海道が琉球などと同じように島（シマ）と表現され，北海道の古名である蝦夷地のフクロウ，島（シマ）のフクロウが語源である。

　彼らの巣穴は，樹胴 80cm 程度は必要であり大木であること，また欠かせない餌として清流に魚が住む環境下が生きる条件となるが，残念ながら自然豊か

第 11 章　これからの動物園が目指すもの：命の大切さ，学びの場としての釧路市動物園

図表 11-3. 村の守り神コタン・コロ・カムイは「シマフクロウ」

な北海道でさえ，神様が棲む大木は伐採等によって減少し，河川改修などで川そのものの環境が変化するなど，生息環境が一部破壊されてきている。シマフクロウを守ることは，森林や川を守ることにつながり，国内唯一シマフクロウの繁殖と保護に根差した釧路市動物園は，環境教育の具体的な生きものを示すことができ，メッセンジャーとしての役割は大きい。

　釧路市動物園におけるシマフクロウの飼育展示は，1975年の園開園当時からスタートしているが，初めての雛の誕生までに，実に20年の時間が経過している。自然界に近い環境であることや飼育担当の飼育研究を積み上げての命の誕生だった。動物たちが生き続け残るための時間は，私たち人間の時間的な感覚とは大きくずれるものである。以来これまで，11例13羽のシマフクロウの雛を誕生させ，いのちを繋いできた。釧路市動物園の使命もここにあると思っている。

　2010年に開催の環境省シマフクロウ保護増殖検討会には，保護増殖事業者である釧路市動物園は，〈動物園における先10年間のシマフクロウ繁殖計画〉を提案している。この討議の結果，健全な飼育下で繁殖するシマフクロウの維持

に最低10ペア（20羽程度）の繁殖組み合わせできるペア形成が必要であることを意識しながら，これに向けた野生のシマフクロウを釧路市動物園へ導入していこうというものだ。他方，釧路市動物園に一極集中しての飼育環境に変化の兆しがでてきている。公益社団法人日本動物園水族館協会・種の保存委員会・猛禽類部会におけるシマフクロウ繁殖計画は，将来的に安定した動物園という飼育環境の中で繁殖個体群を形成していくことを目的に，現在脅威になってきている高病原性鳥インフルエンザ等の感染症などからくるリスクの分散を図るための施策である。2010年4月に釧路市動物園に誕生した双子のシマフクロウ，「ロック」と「クック」を旭山動物園，そして札幌円山動物園に移動するという分散飼育に踏み切ったのである。2012年1月のことである。これにより開園以来，「国内唯一シマフクロウに会える釧路市動物園」の一つのキャッチフレーズが消えてしまったが，天然記念物でもあるシマフクロウ（コタン・コロ・カムイ）の遺伝的に健全な個体群を守るためにも，そして繁殖ペア形成を目指すためにも，他の動物園同士の連携協力が不可欠である。そして，多くの動物園で展示していくことで，シマフクロウの情報が拡大できるのである。また付随して，種を残すための動物園の役割やシマフクロウの生息地環境を複数の動物園から発信していくことで，人と自然の関わりや自身の生活を振り返るきっかけになることが期待できる。このように動物園は，シマフクロウ，生きものを通し環境との共生を考えて行く上でも有力なツールとなる。

Ⅲ.「サルルン・カムイ」タンチョウを守り育む動物園

　国内鳥類で最大の鳥であるタンチョウ。アイヌ語で「サルルン・カムイ（湿原の神）」と呼ばれる。古来の姿そのままに，釧路湿原に舞う姿は，訪れて対面する人々を魅了してやまない。タンチョウといえば釧路と言われるのはこのためである。2012年に，国の特別天然記念物に指定されてから記念の60年の節目を迎えた。

　釧路市動物園におけるタンチョウとの関わりは，国内唯一の保護増殖事業者

第 11 章　これからの動物園が目指すもの：命の大切さ，学びの場としての釧路市動物園

になっていることである。動物園面積 47.8 ヘクタールのうち 25.8 ヘクタールの広さを有する「タンチョウ保護増殖センター」の存在は，タンチョウと関わりの深さを物語る大きな特徴でもある。この施設は，動物園開園前から建設に着手して 1981 年に完成している。当時，生息地の中に位置する動物園として，絶滅の危機からタンチョウを救う役割を担うため，繁殖生理学や獣医学など科学的側面からも展開する必要があると考えたためである。同センターの敷地面積の大部分は一般者には未公開ゾーンとしているが，配置されている動物病院やリハビリ施設には，傷病や死亡の状態で毎年 30 羽ほど運ばれて来る。内容は 6 割以上が死亡したもの，またリハビリをすることができて野に返すタンチョウは 1 割もいるだろうか，厳しい状況が読み取れる。タンチョウと事故の関係であるが，夏と冬の給餌環境が激変する現状もその要因の 1 つである。タンチョウは冬になると，塒（ねぐら）と人工給餌場を往復する生活に変化していくが，ここでは，給餌場に行くには，電線の包囲網を潜り抜け，近くには交通道路が張り巡らされていてという中，給餌場に到着するという具合である。このように，皮肉にも人間生活の中に入らざるを得ない現状での痛ましい事故発生が多いのである。冬になって，人里での飛行経験が少ない幼鳥が傷病の姿になるケースが多く，何とも痛々しく悲しい。また，動物園では専任の獣医師や飼育スタッフが懸命に傷病タンチョウを治療する日々が続くことになるが，釧路市動物園ならではの姿がそこにある。

　釧路のタンチョウは，明治時代に絶滅したと思われていたが，1938 年，釧路湿原の奥深く，過酷な自然条件下でひっそり生息するごくわずかのタンチョウが発見されている。翌年にはこの地域が禁猟区となり，国の保護が開始された。冬季にはマイナス 20 度を下回る酷寒の北海道東部ではタンチョウは餌が得にくく，飢えとの闘い。そんな中，1950 年冬，釧路地方の阿寒町で畑に数羽のタンチョウが舞い降り，そこで畑の持ち主が与えた食糧と同じトウモロコシを毎日給餌。それをタンチョウが食べるようになり，以来今日まで 60 年余り，たゆまない地域の人々の努力とタンチョウへの思いが冬の人工給餌となってこれまで歴史を刻んできている。現在タンチョウの生息数は 1,400 羽を超えたと

言われ，タンチョウの釧路と連想されるに至って，国内外からもその結びつきが強く印象付けられている。

ところでタンチョウは，日本の北海道東部のほかに，世界ではロシア，中国で繁殖・越冬するが，朝鮮半島でも越冬地があることが知られている。俗にいう大陸産タンチョウの生息数は，北海道タンチョウとほぼ同数の1,400羽と推測される。また，現在の北海道タンチョウは，最も減少した頃の少数の個体群から現在の生息数まで増加したため，遺伝的多様性は低いとされている。そのため新たな心配が出てきている。これは冬場に人工給餌場周辺に集中するため，ここで重篤な感染症がもし発症した場合，一気に感染が広まりやがて大きく減少してしまう危険性である。

これらのことから，タンチョウの生息個体数が時間とともに回復するなか，タンチョウが生きていく上で必要な湿地環境や好適な湿地が減少し，さらに人間生活と密接な距離に成らざるを得ない実態から，今後は生息地越冬地の分散をはじめ餌を与える方法など，関係者による検討は続いている。

動物園でタンチョウを分散して保護していく考えのなかに，生息域外保全事業がある。これまで，釧路市動物園から北海道内の札幌円山動物園と旭山動物園にそれぞれ1つがいが移動している例だ。このように，動物園下でも北海道タンチョウの保護増殖事業がスタートしているのである。そんな中，2011年9月に釧路市動物園から台湾，台北市立動物園にオスの「ビッグ」とメスの「キカ」の2羽が移動した。北海道タンチョウが初めて，海外の動物園に渡ったのである。亜熱帯下で北国のタンチョウが環境変化に耐えて生存・繁殖できるか心配のなか，現在2羽はペアリングの様相も示していて，関係者の期待は高まるばかりだ。台北市立動物園は過去に，傷ついた大陸産タンチョウを保護し，これを治療して韓国まで移送した実績があり，東洋一といわれる飼育展示の規模とスタッフを擁していて心強い存在でもある。2011年10月現地でのタンチョウのお披露目式には，釧路市からチャーター便が飛び，市長はじめ150名の一般市民が参加のもと，また北海道知事など札幌圏からも多くの皆さんが出席して盛大に開催された。台湾の建国百年記念年にビッグとキカは花を添える存

第 11 章　これからの動物園が目指すもの：命の大切さ，学びの場としての釧路市動物園

在になっていた。

　またこのビッグプロジェクトの成功の陰には，釧路市と北海道との行政の連携協力のほかに，生息域外保全事業に理解を示しながら，関係資金の全面的援助を申し出ていただいた民間企業，ニトリホールディングスの存在も忘れてはいけない。官民一体となった北海道タンチョウの移動事業を，私たちは「ニトリプレゼンツ・サルルンカムイ・プロジェクト連携協定事業」と呼んだ。この事業は準備から移動までには実に3年という長い時間を費やす結果となった。なかでも台北市立動物園への移動間際に園内にタンチョウ専用の検疫舎を建設し，1羽あたり2m四方の部屋にビッグとキカを1カ月間隔離して検疫をするという初の経験もした。我々スタッフもさることながら，ビッグとキカは極度のストレスを抱えながらも，あの狭い部屋で1カ月間無事に乗り切り，台北市立動物園へと渡ってくれた。さらに2012年1月，タンチョウが縁となって，釧路市動物園と台北市立動物園の間で友好動物園の協定を締結。北海道タンチョウの生息域外保全事業のため，両動物園の相互協力と研究，そして人事交流や情報交換など，地方の動物園が他国の動物園と繋がっていく。そしてタンチ

図表11-4. 保護収容された産まれて間もない「タンチョウ」のヒナ

図表 11-5. 台湾との懸け橋の役目も担ったタンチョウの「キカ」

ョウが取りもつ縁で，台湾との交流が一層活発化し，地域待望の釧路空港と台湾を結ぶ国際定期便の就航が実現した．このように，ビッグとキカが国と地域を繋ぐ大きな架け橋となったように，陰の主人公はサルルン・カムイ，タンチョウである．

　動物園に携わる私たちは，このたびの生息域外保全事業も含め，地域の資産でもある特別天然記念物タンチョウの保護と命を守り育むため，これからも努めて行かなければならないと感じている．

Ⅳ．ホッキョクグマ「ツヨシ」の果たした役割とは？

　この原稿を書き上げているときに，ビッグニュースが飛び込んで来た．相手は秋田県男鹿水族館GAOの千葉俊館長から「遂に産まれました！」の第一声．2011年3月に釧路市動物園から初めて移動したホッキョクグマ「クルミ」の初産である．我が子が産まれたような感覚で大きな感動があった．釧路を離れて

第11章　これからの動物園が目指すもの：命の大切さ，学びの場としての釧路市動物園

図表 11-6. 雌雄逆転メスになってしまったホッキョクグマの「ツヨシ」

の異なる飼育環境のもと，それも初産で懸命に母乳を飲ませ育てている姿には涙が出てしまう。この当たり前に映るホッキョクグマ親子の姿は，動物園史に残る偉業になるかもしれない。

　「クルミ」を始めとするホッキョクグマであるが，現在国内の飼育総数が50頭を下回り，海外から国内に移入される小熊はごく稀なものである。実際には，生息頭数の多いカナダ，アメリカからの移入はゼロに等しく，東欧やロシアの動物園から数年に1頭移入されるか否かという状況でもある。このようにホッキョクグマの国内への移入は，現状では極めて困難なものとなってきている。またその移入に当たっても，小熊1頭に数千万円という多額の予算が伴い，地方都市の市民動物園ではかなり厳しいと言わざるを得ない。それゆえ，国内におけるホッキョクグマの繁殖は，動物園・水族館の喫緊の課題となってきていたのである。2000年代に入って繁殖を続けるペアは，札幌市円山動物園のオスの「デナリ」(現在19歳)とメスの「ララ」(18歳)だけという状況。このような背景から，釧路市動物園のホッキョクグマが発端となり，動物園史上初めてとなる繁殖を目的とした国内での大移動が進む事態に発展したのだから分からな

いものである。その発端となった飼育個体は，当園の「ツヨシ」(現在9歳)。「メスになったツヨシ」と言えばお分かりの方も多いと思う。

　当園では2008年11月に，メスの「クルミ」と繁殖を目的に同居訓練をしている「ツヨシ」に，排尿など2頭の行動観察から雌雄逆転の疑いが生じ，2度にわたるDNA鑑定の結果，紛れもないメスとなった。これが派生して，同じことが隣のおびひろ動物園のホッキョクグマ，「ツヨシ」の弟にあたる「ピリカ」にも起きてしまって，「ピリカ」もオスからメスになってしまった。当時は，名前にインパクトのある当園の「ツヨシ」が，各種メディアによって紹介され，大きな話題となったのである。

　この「ツヨシ」と「ピリカ」の2頭，いずれもが札幌市円山動物園からの移動である。犬や猫の子のように産まれてすぐに雌雄が分かる形態になっていないホッキョクグマゆえ，事態は発生したものと思われる。動物園では必ずと言ってよいほど，産まれた子どもの名前を愛称募集の形で広く行うが，その前に雌雄を判断して募集することから，当時は，担当獣医が一時親子を分離して短時間の中，目視で行うという状況であった。ホッキョクグマの雌雄判別では，体毛に覆われている上，生殖器の凹凸が識別しにくいので，肛門から尿道口までの長さで判断，長いのがオス，短いのはメスというふうに行ってきていたのである。私も写真で一例を確認したが，やはり識別は難しいものと感じた。現在は，DNA鑑定にほとんどが委ねられている。

　北海道には4つの動物園があって，このホッキョクグマ雌雄逆転騒動がきっかけとなり，2園に提供した側の札幌市円山動物園，提供された釧路市動物園とおびひろ動物園，そして国内ホッキョクグマの種の保存に係る種別調整者のいる旭川市旭山動物園，偶然にも道内全ての動物園がホッキョクグマの繁殖問題に直面してしまい，緊急に協議していく結果となったのである。この4園協議と連携の合意は，2010年1月28日付の「北海道内ホッキョクグマ飼育4園共同声明」となっていく。共同声明ではホッキョクグマの種の保存事業を推進していく姿を全国にアピールし，リスクを承知しながら4動物園が行動に移したもので，例をあげると釧路市動物園の「クルミ」の繁殖相手としては，札幌市

第 11 章　これからの動物園が目指すもの：命の大切さ，学びの場としての釧路市動物園

円山動物園のオスの「デナリ」（「ツヨシ」の父親）を釧路市に移動する。また，札幌市円山動物園のメス「サツキ」を旭川市旭山動物園に移動し，オス「イワン」との新たなペアリングを目指す。さらに，2008年札幌市円山動物園生まれの双子「イコロとキロル」を両親である「デナリとララ」の更なる繁殖のため別居させ，預かり先をおびひろ動物園とする。そしてこの間，おびひろ動物園の「ピリカ」は札幌市円山動物園で預かることとした。

　以上のように，我々4つの動物園長は，新たなペアリングの試みの上，遺伝的な多様性を維持した個体増殖を目指すことにしたのである。そして，本計画を発端として公益社団法人日本動物園水族館協会及び加盟園館との連携を深めながら行うこととした。これは適齢期の個体を計画的にかつ積極的に移動させることで，ホッキョクグマの繁殖を全国的に推進し，動物園4つの役割の1つでもある種の保存事業を推し進めて行こうとの決意でもあった。ホッキョクグマの命を繋ぐことの困難さを示す数字としては，過去に国内動物園での繁殖実績が150余頭，このうち6カ月以上生存した飼育個体は20余頭にすぎず，出産してもいかに生存していく個体が少ないかを読み取ることができる。私たちの釧路市動物園では，「クルミ」が4頭目の飼育成功例にあたり，最後の子であった。同様に旭川市旭山動物園と札幌市円山動物園では，これまでそれぞれ5頭の飼育成功例となっていて，この結果北海道内3園で計14頭。新たに誕生して飼育成功例の大半が北海道の動物園に集中していることになる。この気候風土がホッキョクグマ生存環境に適していると思われるのだ。

　北海道内4園の共同声明と移動実施の動きは，翌年，参加の動物園，水族館が本州にも及び8園館に拡大した。これが2011年2月18日付「ホッキョクグマ繁殖プロジェクト共同声明」である。まず，国内の繁殖成績を向上させ，飼育個体群を維持していくために公益社団法人日本動物園水族館協会種保存委員会食肉類「種別ホッキョクグマ繁殖検討委員会」を立ち上げる。次に，全国の繁殖可能年齢が終わりに近づきつつある20歳前後のメス個体から優先的にペア形成の可能性を探ることにしたのである。その結果，全国8つの動物園，水族館が同意して参加することとなった。当園では，メスの「クルミ」（当時14歳）

図表 11-7. 秋田県男鹿水族館 GAO に繁殖貸与された「クルミ」

図表 11-8. 写真の仔熊は生後5カ月目の「クルミ」，今は母親になった

第11章 これからの動物園が目指すもの：命の大切さ，学びの場としての釧路市動物園

が秋田県男鹿水族館GAOにいるオスの「豪太」（当時7歳）と国内血統では初めての組み合わせとなるなか，移動してペアリングすることを決意したのであった。

この移動の前段，当園の「クルミ」は，札幌市円山動物園の「デナリ」（当時17歳）とペアリングに見事成功し，1カ月にわたる繁殖行為を確認。これにより妊娠の可能性があると判断し，11月4日から12月26日まで産室に移動させ閉じ込める形をとった。この間，「クルミ」は他のホッキョクグマの出産時と同様に，暗室の中で水だけを摂取する絶食状態にし，我々は暗視カメラで終日観察を続けた。また同時に，岐阜大学のご協力のもと糞便中の性ステロイドホルモンの検査でも妊娠の可能性を探っていた。そして，飼育担当の発する人為的な音の遮断や周囲環境の整備も併せて行うなどさまざまな準備のなかで出産を待ちわびていた。しかしながら，総合的に判断して「妊娠に至らず」と公表する結果となった。この間，52日間で数十kgの体重減，肉が削げ落ち痩せ細った「クルミ」の姿が余りにも痛々しく映った。

繁殖行為が確認されていても，妊娠の成否をはじめ，受精卵の着床遅延などで出産時期を特定できないでいる現状なのである。この時，ホッキョクグマ特有の問題を痛感せずにはいられなかった。

「ツヨシ」がメスになったことで始まったホッキョクグマ繁殖のための大移動，そのプロジェクトはまだまだ始まったばかりであるが，繁殖適齢期のペアリング状況をみると，時間が限られているように思える。それら多くの問題を克服し，環境の変わった男鹿水族館GAOの「豪太」と見事繁殖に成功し，初産ながら子育て真っ只中の「クルミ」，大きな成功例となることを願ってやまない。そして，男鹿水族館GAOの飼育担当者の日々の緊張とプレッシャーを考えると相当なものと感じているが，携わる方々の努力に大きなエールを送りたい。

V．アムールトラのタイガとココアの力

動物を通し「いのち」を伝え，学び場としての動物園に成ると願った背景には，

アムールトラの「タイガとココア」の誕生と人工保育の現場体験を抜きに語れない。小さな2頭の出現によって動物園が変わる，みんなの動物園になっていく様子を前に，自分の人生観をも揺さぶる存在となってしまった。2008年，釧路市動物園に舞い降りたアムールトラ2頭が織り成す姿に苦悩し，迷い決断する様子を辿ってみようと思う。

　ネコ科最大の動物はトラである。20世紀の初頭には世界で10万頭が生息していたが，現在では4,000頭まで減少したと推測される。トラの亜種9種のうち現在生息しているのは5種，そのなかでも最大の大きさを誇るトラこそ，北の地に棲むアムールトラ（シベリアトラ）である。ロシアを中心とした野生の生息数はわずかに400頭ともいわれる。過去には狩猟など人間が直接の要因だったが，現在はロシアのペレストロイカ政策以降の急激な開発に伴う大量の森林伐採，また大規模な山火事の発生など，生息環境の大きな破壊により，トラたちは絶滅の淵に追いやられているのである。また，世界の動物園でのアムールトラの飼育数が野生の生息数を上回るという結果ともなっている。地球規模で森林を守り，環境を保全していくことがトラたちを救うことに繋がる。このことを動物園は，さらに声を大きくして伝えていかなければならない。

　釧路市動物園では，稀少種アムールトラの繁殖を目的に，2004年にカザフスタンからオスの「リング」を，また2005年にロシアから「チョコ」と後に名付けられるメスを導入していた。2008年，私が4月に就任した頃，園内では「チョコ」の出産に備え，産室を映し出すビデオカメラを設置するなど観察体制が準備されていた。そして5月24日午前8時頃，居合わせた職員の動きが慌ただしくなる。待ちに待った「チョコ」の出産である。志村良治獣医師，山口一仁飼育担当が現場に向かう。無線からの第一報は「園長，駄目でした。死んでいる状態です」の悲報。モニター画面に映し出された部屋のコンクリートの床に，血まみれの3頭の子がピクリとも動かず転がっている。母親「チョコ」は，我が子をひと舐めりもせず悠然とそばに座ったまま。その「チョコ」を外の放飼場に出し，出向いた2人から「これから片付けます」の連絡。その直後，志村獣医師から再度無線の声が飛ぶ，「ピクリと動いた！　保護する」。私も居合わせた職

第11章　これからの動物園が目指すもの：命の大切さ，学びの場としての釧路市動物園

員と処置室で待機し，プラスチック箱に38度のお湯を用意した。全員で交代しながらの蘇生が始まった。鉄アレイのように冷たい子の身体にマッサージが繰り返される。お湯に付けて1時間ほどたった頃だろうか，ほぼ3頭が同時に自発呼吸を始めた。この姿に「動く，動く，いいね〜」，「がんばれ，お〜元気！」の声が飛び交う。生きているということは温かい！　あの時の掌の中の子の感触は生涯忘れないものとなった。しかし，3頭のうち一番小さなオスが1時間後に亡くなった。さらに，翌朝，志村獣医師から衝撃的な告知，「園長，残った2頭はこの先駄目かもしれません。共に四肢に障害があって，特に後肢は交差している状態で，オスの方は片方の肢が捻転していて重篤です。また，初乳も飲んでいない状況で2頭共に感染症が心配です」と。成長と共に100kgをはるかに超えて200kgに向け成長していくアムールトラを想像すると，まるで先がみえない不安な気持ちに陥った。ヒト用の人工保育器の中で温度を保つ中，2頭は転がるしぐさを繰り返している。世界にも例のない重篤の障害をもったトラの人工保育が始まったのである。

　この頃職員の間では，「助けた責任，だから助ける責任がある！」が合言葉になっていた。トラ班は5人体制として2時間毎にネコ用ミルクの投与，排泄介助，そして，股関節から足先にかけ伸ばしていくマッサージを施す。激痛を伴うのかマッサージに2頭は，都度「ギャー，ギャー」と悲鳴をあげた。事務所まで響き渡る毎日の悲鳴が私には「生きたい！　生きたい！」とも聞こえていた。

　トラ班のリーダーは飼育屋を自任する大場秀幸飼育員をあて，早朝5時から夜の11時過ぎまで2頭を育んで行った。そうして生後1カ月経過した6月24日に異変が起きる。保育器から出すと，2m四方の運動場ではいつもは排泄後は転がるしぐさでその場を離れる2頭が，この日は交差している後肢を自らの力で左右に開き，震えながら起立したのである。そして前進，転倒，起立と2頭はほぼ同時に歩き始めたのである。目の前に繰り広げられるその姿に，蘇生して生き返った時と同じような大きな感動を覚えた。この子たちは，懸命に生きようとしている。凄い生命力を私たちは目の当たりにした。この時，後肢のいずれからか切断が始まるのではと描いたシミュレーションは，どこか遠い

ものとなっていた。オスはタイガ（大河），メスはココアと名付けられた2頭は，この日を境に不格好ながらも，前へ前へと歩行を繰り返して行った。

　動物園では，タイガとココアの人工保育の様子を画像や映像にして，10日程の間隔で報道各社に情報提供していた。短命で終わるかもしれないが，最後まで2頭に向き合う動物園の姿も伝えたかったのである。また，重篤の障害の様相ゆえ，一般動物と同じように公開展示としない，ということも市長からの公表には加えていただいた。

　タイガとココアの存在は，障害というデリケートな問題を抱えながら，一方で動物園の役割である展示そのものを考える機会になっていった。メディアの力で奇跡的な自立歩行の様子が広く伝えられると，動物園には「タイガとココアに会いたい」という声が日ごとに増してくるなか，私は，どうしてこの子たちを公開しないのかと悩んだ。障害を抱えた姿ゆえ一般公開しない，この当初の判断は正しいものなのかと。2頭が前に前に懸命に歩く姿をどうして動物園として伝えないのか，園内でも論議となっていった。各人の意見は，感染症の心配もある今時期尚早ではないか，障害を見世物として捉えられないか等々何度も議論は続いた。そして最終的に私が出した結論は，「曲がっている肢やふらつく姿はそのままにみえたらいい」「それ以上に，2頭の懸命に頑張って歩く姿をみていただこう！」と一般公開に踏み出したのである。

　7月19日，タイガとココアの初めての公開に多くの市民が押し寄せるなか，私は蘇生から起立までの人工保育の様子とトラ班の奮闘ぶりを話した。そこで，お客様から予想外の声が自分の耳に飛び込んでくる。「頑張れ！」「頑張って！」「ほら，立ち上がって！」の声。転んでも転んでも起き上がる2頭に寄せる思いが，「頑張れ！」の声援。公開までの私たちの心配は杞憂に終わった。障害をもった動物の公開の是非，このとき1つのハードルを越えたようだった。そして，動物園を支援する動きが加速する。釧路市動物園協会の皆さんが，この頑張れ！の言葉を用い，「頑張れ！タイガ・ココア応援募金」として活動の先頭に立ち，全国にも広げていったのだ。この動物園始まって以来の募金活動は，さらに姿を変え，ボランティアの形となってさまざまに展開された（現在この募金は「釧

第11章　これからの動物園が目指すもの：命の大切さ，学びの場としての釧路市動物園

路市動物園整備基金（愛称：ZOOっといっしょ基金）」となって継続されて来ている）。一例をあげると，地元の金融機関が，タイガとココアの特別定期預金を創り，塗装業や水道設備，左官業の方々は，古くなった設備の改修を仲間を募り駆けつけてくれた。バス会社は路線バスにタイガとココアの愛らしい写真をデコレーションし運行していただいた。林産振興会からは休憩室に特製のテーブルとベンチを設置していただいた等々，釧路市動物園に市民の関心が協働の形となって押し寄せてきたのである。現在も続くこの市民協働の新しいところでは，2012年5月に釧路の女性有志の会「チャイルズエンジェル」が結成され，園内にキリンが亡くなっていないことを憂い，「釧路市動物園にキリンを贈ろう！」として5,000万円を目標に募金活動を展開，本年（2013年）中の導入がみえた今，子どもたちへの夢を！の実現は近い。なかなか地方動物園への寄付等支援は根差さないとされているが，現在も続く募金やボランティア支援をみると，タイガとココアが残した力は凄いものだとあらためて感じてしまう。

　2頭に多くの方々が関心を寄せるなか，動物園では2つの大きな問題に直面していた。1つ目は，タイガとココアがどうして障害をもって産まれてきたのか，また今後どうなっていくのかという医療とケアの問題である。園内の病院施設の設備では限りがあり，また全国の動物園に照会をしたが情報は少なく，せいぜい人工保育の記録入手にとどまった。そこに一本の電話が入った。相手はタンチョウの死亡検体の提供などで共同研究している江別市の酪農学園大学獣医学部の画像診断学の中出哲也教授。「タイガとココア，うちの機関で検査しましょう！」。このご好意をもとに，8月4日，志村獣医師と大場飼育員が2頭を輸送して同大学で精密検査を受診した。そこでの診断結果は厳しいものとなった。診断の病名は，軟骨形成不全症である。成長していく軟骨が骨化せず成長が阻害されて行く病気だ。先に亡くなった1頭も含め，産まれる前に発症していて，特に状態の悪い左後肢の今後を考えると，将来2頭共に3本足での歩行となるかもしれず，今後の成長に伴う体重増加により，歩行困難の心配も挙げられた。早いスピードで成長していくアムールトラ，この先も2頭は起立して走ることができるのか，不安を抱えての帰園となった。しかし，酪農学

園大学ではこれからもサポート体制を約束していただき，今後の医療とケアに兆しがみえた。

　もう1つの問題は終の棲家となる2頭の動物舎である。親の元には戻せない2頭にとって，専用の新たな動物舎が必要になってくる。試算をもとに補正予算案を立てると5,500万円もかかる。厳しい釧路市財政の状況下で，2頭はこの先も生きて行くことを前提に，動物舎建設に踏み出さなければならず，動物園所属の教育委員会，そして市長へと丁寧な説明を繰り返した。この結果，9月の定例市議会で満場一致で予算案が承認された。タイガとココアが市民に認知され，夢や希望を託された瞬間でもあった。半年後の4月からの一般公開に向けて，猛獣舎増設の工事が着手されて行った。このように，2つの大きな課題が短期で解決されていけたのは，タイガとココアの生きようとする力，つなぐいのちに皆が共感したからかもしれない。

　生後4カ月を経過した9月28日，この日をもって土日を中心に続けていた2頭の臨時公開を一旦中止することに。人工保育で人慣れは見込めるものの，日増しに成長するタイガとココアを直接抱き上げ接触する飼育担当者の身の安全確保でもあった。この頃，タイガとココアと大場飼育員はまさに家族の関係，しかしながら家畜ではなく，アムールトラなのである。また，2頭をきちんと成長させることも動物園の役目であることから，事務所裏に仮設の飼育場を作り，新猛獣舎の完成を待ちわびた。12月から2月の厳冬期，動物園ではマイナス20度以下になることも多々ある。日中でもマイナス気温が常であるが，タイガとココアは寒い冬を楽しみながら，驚異の運動量をみせてくれた。後肢で立ち上がる，お互いの身体をジャンプして超えるなど，我々の描く将来の不安が薄れていく。12月末に園内の動物病院で写した2頭の身体の骨は，膝関節部分と股関節の部分を除きほとんどが繋がって写った。タイガとココアは生きる環境に順応し，日常の運動を繰り返していくなかで，生命線の骨をも成長させたことになる。

　2009年4月5日，募金も含まれた待望のタイガとココアの新動物舎が完成した。落成式には，雨模様の中1,400人が詰めかけ2頭と共に祝った。駆けつ

第 11 章　これからの動物園が目指すもの：命の大切さ，学びの場としての釧路市動物園

けた方々が皆笑顔だ。思い起こせば，2頭が産まれて以来，動物園が掲げた目標は2点に集約されていた。医療ケアをきちんとして，育て上げる場所をきちんと作ることだった。そのことは意外にも，市民や全国のみなさんの積み上げた大きな力を得て達成することができた。

　この日から，来園の方々は毎日タイガとココアに存分に会える。みんなで創りあげる動物園，この時に理想の姿を垣間みた。

　そしてお盆を迎える頃，動物園には訪れる人数も増加傾向を示していて，8月には前年度の来園者総数をすでに超え，園内は熱気に溢れていた。それでも釧路湿原にも短い夏の爽やかな風が吹くころ，タイガとココア舎にはゆったりと寝そべる2頭の姿があった。

別れは突然にやってくる。8月25日夕刻，大場飼育員はいつもどおり食事の用意として，アバラ骨付き牛肉と鶏頭を用意して，2頭をそれぞれの部屋に移した。ほどなくして，タイガの部屋から「ダーン」と大きな格子壁にぶつかる音が聞こえてきた。窓越しにみると，タイガが手脚をばたつかせもがいている。大場飼育員が志村獣医師を呼び，飛び込むこの間5分ほどで，タイガはぐったりし脱力状態。瞳孔も開き，危険な状態のなか，気管と食道の間の僅かな隙間に繋がった2個の肉片を発見，志村獣医師が医療用ペンチで引き抜く。そして「生き還れ！」と心臓マッサージが懸命に行われるなか，タイガはあっという間に絶命した。

　私が一報を受け外勤先から駆け付けたときには，皆が輪になってタイガを取り囲んでいた。この時，私はただただタイガの死が信じ難く自分の中に受け入れないでいた。涙も出ず死ということを認識できずにいた僅かな時間に夢であったらと，どれだけ願ったことか。458日間，タイガはタイガらしく満身創痍のなか精一杯頑張って生き抜いてくれた。

　そして動物園には翌日から，タイガへの感謝の言葉「ありがとう！」と記された手紙，花束が全国の方々から届けられた。亡くなったタイガへの思いは，この「ありがとう」の5つの文字が物語っているようだ。タイガとココアが共に頑張る姿に感動し，励まされ，感謝する。このタイガとココアの一部のお話は，

図表 11-9. 重篤の障害をもって産まれたアムールトラの「タイガとココア」

図表 11-10. 仮死状態から懸命に蘇生を試みる

現在小学 4 年生の道徳教本に掲載されている。

　私は，動物園の果たす役割の一つに，いのちのことを伝える，いのちの大切

第 11 章 これからの動物園が目指すもの：命の大切さ，学びの場としての釧路市動物園

図表 11-11. 生きる力の凄さを伝えたタイガが 1 歳を迎えた

さを伝えることを掲げてきたが，実はこのことはとても難しく，これという方法もないのが現実。わかることは，いのちは何ものにも代えがたい，かけがえのないものであって，親から子へ，孫へと脈々と受け継がれ，多くの人に支えられ育まれている。そしていのちは有限なもの。だからこそ精一杯生き抜く力を育てていくこと。また，死んで輝く命というのはなく，生きているいのちの今が実は輝いているものだということ。このことを私はこの歳になって動物たちから学んだ。偏った思いかもしれないが，タイガとココアや動物園のすべての動物たちを通じて，そこにある一つひとつの輝く動物を伝えていく先に，各人が感じるいのちとはの答えがあるのではないだろうか。

現在釧路市動物園をはじめ，全ての動物園・水族館では，生きものの輝く「いのち」をさまざまな形で伝えようとしている。

私たち人間と動物たちがどう違うのか，生きる上で何が大切なものなのか。

「いのち」を受け入れ向き合って生きる動物たちに，是非とも会っていただきたい。人生の節目に動物園・水族館があるのだから。

おわりに

　動物園や水族館を回り園長や館長の話を聞くようになってから5年が過ぎた。個人的には北海道札幌市にある円山動物園を応援するために企業とNPOと行政がタッグを組みながら保冷剤付弁当箱「GEL-COOま」を開発するまでの過程を調査するなかで，自分の専門領域を活かせるテーマが潜んでいるかもしれないと感じたことが最初のきっかけである。それ以降，専門が少しずつ違う札幌学院大学児玉敏一先生と金沢工業大学東俊之先生と共同で動物園や水族館をマネジメントの視点から考えてみようという作業が始まった。

　これまでのインタビューのなかで何度か聞いたことは，人生のうちで人は3度動物園を訪れるという話である。最初は子どものとき親に連れられて，2回目は自分が親になったときに子どもを連れて，そして最後は孫を連れて訪れるという話である。我々3人は，これまで海外を含めて計33カ所の動物園と21カ所の水族館を訪れ，16名の園長・館長へのインタビュー調査を行った（詳細は後述）。本書でこうしたインタビューの調査の全てを活かすことはできていないし，思わぬ誤解や不十分な理解により現場の方々の日々の努力を十分伝えるまでには至っていない可能性もある。しかし飼育や繁殖に関する経験や専門知識もない3人ではあるが，動物園マネジメントという視点から何かを提示出来るのではないかという想いから本書執筆に踏み切った。

　ここ数年旭山動物園の奇跡が大きく取り上げられているが，旭山がすべての動物園や水族館のモデルケースになっているわけではない。むしろそれぞれの地域で園長や館長の哲学を基盤にした独自のやり方を模索し続けている動物園や水族館がたくさんある。むしろ旭山よりも厳しい環境のなかで成功を収めているところも少なくない。こうしたケースが全国にたくさんあり，現在も継続して新しい動物園や水族館を目指した取り組みが進められていることを肌で感じることが出来たことがこの共同研究の大きな収穫の1つである。そして，そうした取り組みの背後には，常に動物を愛し新しい動物園づくりを行っているスタッフの姿がある。

おわりに

　本書は大きく2つに区分することができる。第1章から第6章までは動物園マネジメント論である。第1章では，具体的データをもとに世界や日本の動物園や水族館の進化を記述し，第2章では旭山動物園と加茂水族館という組織変革の代表的成功例をもとに，ビジョナリー・リーダー，ニッチ戦略，外部資源の活用，パブリシティ戦略などをキーワードにマネジメント・イノベーションを論じた。第3章では，円山動物園の再生，須坂市動物園の活性化，横浜地域の3動物園の住み分け戦略，沖縄こども未来ゾーンや小諸市動物園のシナジー戦略などブルーオーシャン戦略の多様なタイプを論じた。さらに第4章では，沖縄美ら海水族館や千歳サケのふるさと館などをもとにナンバーワン戦略とオンリーワン戦略について考えている。第5章では，公的水族館の仕組みやノウハウが民間水族館や海外水族館に移転し波及する過程を論じている。ノウハウの移転や伝承による学習の水族館版と言ってもいい。そして第6章は，新しい動物園像として持続可能な動物園に向けての試行錯誤の現状を論じた。ここまでが「動物園の経営学」や「水族館の経営学」の骨格をなす部分である。

　後半の章は，動物園が外部のさまざまなステイクホルダーとどのような関係にあり，どのような取り組みをしているかを論じた部分である。大げさにいえば，社会との関係のなかで動物園が戦略的かつ能動的に進めている動きを論じようとした部分である。第7章は，動物園の組織間関係論であり，企業との協働やNPOとの協働をはじめ，NPOによる動物園支援の可能性について論じている。第8章も基本的には動物園の組織間関係論であり，動物園・企業・NPOなどのマルチセクター協働で生物多様性保全のための活動を行っている現状を記述しようとした。第9章は，単なる観光施設としての動物園の限界を認識しながら本来のミッションでもある地域コミュニティを維持することを第一義に考えて活動している富山市ファミリーパークの事例を紹介した。第10章で論じたことは，「動物園の社会貢献論」さらには「動物園の社会的責任論」であり，社会教育や青少年教育の場としての動物園の役割を再確認するという章である。教育施設としての動物園に拘り続けようとする動物園は非常に多く，園長や飼育員からの言葉からも教育と娯楽の両立にむけての試行錯誤が読みと

れる。

　第11章は，こうした現場発の言葉を最後に入れたいという要望に快く応じていただいた釧路市動物園の山口良雄前園長の動物園論である。園長就任後自ら飼育に関わったシマフクロウ，タンチョウ，ホッキョクグマ，アムールトラなどとの関係を振り返りながら，命を伝える動物園としての使命を追い求めてきた軌跡が述べられている。

　一読してわかるように，本書ではビジョン，戦略，イノベーション，組織変革や組織活性化，ビジョナリー・リーダー，学習や移転，モチベーション，組織間協働，社会的責任，などマネジメントに関わる用語や概念が多用されている。その意味では，動物園や水族館をケースにマネジメントを学ぶことも十分可能である。それは動物園の戦略論であり水族館の組織論でもある。我々がそうであったように，読者が近くの動物園や水族館を訪れることで，楽しみながら学習することの契機に本書がなればと思う。

　なお本書の第7章と第8章については，文部科学省科学研究費補助金・基盤(C)（課題番号：21530369）および基盤(C)（24530429）の助成を受けて行った研究成果の一部である。

佐々木　利廣

1．調査対象データ（インタビュー調査の対象）

［動物園］

  札幌市円山動物園　　　　　　　　長野市茶臼山動物園
  旭川市旭山動物園　　　　　　　　京都市動物園
  釧路市動物園　　　　　　　　　　到津の森公園
  秋田市大森山動物園　　　　　　　阿寒国際ツルセンター
  市原ぞうの国　　　　　　　　　　釧路市丹頂自然公園
  富山市ファミリーパーク　　　　［水族館］
  いしかわ動物園　　　　　　　　　小樽水族館
  須坂市動物園　　　　　　　　　　鶴岡市立加茂水族館
  　　　　　　　　　　　　　　　　ふくしま海洋科学館

2．調査対象データ（訪問調査の対象）

［動物園］

  おびひろ動物園　　　　　　　　　大阪市天王寺動植物公園
  仙台市八木山動物公園　　　　　　神戸市立王子動物園
  東京都恩賜上野動物園　　　　　　姫路セントラルパーク
  東京都多摩動物公園　　　　　　　淡路ファームパークイングランド
  横浜市立野毛山動物園　　　　　　　の丘動物園
  横浜市立金沢動物園　　　　　　　愛媛県立とべ動物園
  横浜市立よこはま動物園　　　　　福岡市動物園
  名古屋市東山動植物園　　　　　　沖縄こども未来ゾーン
  小諸市動物園　　　　　　　　　　ネオパーク・オキナワ
  アドベンチャーワールド　　　　　のぼりべつクマ牧場
  　　　　　　　　　　　　　　　　上海動物園

［水族館］

- 稚内市ノシャップ寒流水族館
- おんね湯温泉山の水族館
- サンピアザ水族館
- 千歳サケのふるさと館
- サンシャイン国際水族館
- 葛西臨海水族園
- 新江ノ島水族館
- のとじま臨海公園水族館
- 名古屋港水族館
- 鳥羽水族館
- 京都大学白浜水族館
- 海の中道海洋生態科学館
- 沖縄美ら海水族館
- 紋別市アクアゲイト
- 白浜海中展望塔
- 香港オーシャンパーク
- 上海海洋水族館

索　引

3G　25
CI　55, 64
CS　20, 55, 60
CSR　32, 199
GEL-COOま　63
IUCN（国際自然保護連合）　3
MOT　27
NPM　14
NPO法　14
NPO法人シビックメディア　63
ONE to Oneマーケティング　30
PFI　14
Plan-Do-See（マネジメント・サイクル）　17
PPP　14
RSPO　162
SECIモデル　16, 46

あ　行

アカウンタビリティ　65, 200
秋田市大森山動物園条例　139
旭山動物園くらぶ　32
旭山動物園マイスターボランティア制度　153
アザラシ検定　120
アニマルファミリー会員制度　64
アムールトラ（タイガ・ココア）　131, 229-237
アムールトラ支援活動　152
暗黙知　46
意思決定方式　17
移動動物園　6
イノベーション　16, 17, 27
イヨボヤ会館　105
イルカ・ショー　125
イルカのフジ　102
インディアン水車　105
ウォーター・ハンマー　95
観魚室（うおのぞき）　3
エコロジー系環境主義者　3
エデュテイメント　198
エマージョン・ジオラマ　4
園内サイン整備事業　147
エンリッチメント運動　2
エンリッチメント基金　156
エンリッチメント大賞　156
オープンゲージ　86
オープン型水槽　116
お泊りナイトツアー　119

か　行

海中トンネル　119
外部委託　10
外部資源の有効活用　62
花王・コミュニティミュージアム・プログラム賞　77
学習する組織　46
カスタマー・リレーションシップ・マネジメント（CRM）　30, 177
語りの場　52
価値共有化プロセス　16
カリスマ型リーダー　21, 41
環境エンリッチメント　157
環境教育　3
環境適応戦略　15
官僚主義　16
企業の社会的責任（CSR）　199
義足のキリンたいよう　137
教育委員会　9
教育普及活動　204
競争優位　27, 30
共同化　46
協働型連携　148
京都議定書　127
共有ビジョン　57
共有ビジョンの策定　67
共有ビジョンの構築　57
クラゲ・トンネル　118
クラゲ万華鏡館　121
クラネタリウム　37
グリーン＆クリーンプロジェクト　145
グループ・ウェア　46
黒潮の海　100

243

経営戦略の策定　16
形式知　46
健全経営　38
権力誇示　1
コア・コンピタンス戦略　107
公益事業組織　14
広告塔　32
公的組織　13
行動展示　23, 60
高付加価値オンリーワン・サービス　29, 30
コーズ・リレイテッド・マーケティング（CRM）　177
コーポレート・ガバナンス　200
古賀賞　41
顧客吸引率　10
コスト・リーダーシップ　60
コミュニティ　180
コラボレーション　31
コンプライアンス　200

さ　行

サーバント・リーダー　57
サッチャー政権　14
差別化戦略　60
サポーター会員制度　106
産業博物館　5
3現主義　25
サンゴの海　100
シー・シェパード　99
飼育展示係　28
支援型連携　145
ジオラマ（箱庭）　2
ジオラマ式展示　4
自家繁殖　36
資源の最適配分　16
資源保護　2
自己革新　18
自然史博物館　5
持続可能な動物園　125
指定管理業者　134
指定管理者制度　159
シナジー（synergy）効果　80
老舗　18
市民ZOOネットワーク　127, 155
市民動物園会議　62
下村脩　40
社会教育　6

社会貢献　179, 198-199
社会問題解決　179
集中化戦略　60
縮小・撤退　18
シュムペーター, J. A.　27
少子高齢化時代　11
情報発信の必要性　139
人口尾びれ　102
人口給餌　131
深層の海　100
人的資源　16
水質・水温管理　36
水族館の画一化　98
水流管理　36
ズーストック計画　126
ステイクホルダー　33
住み分け戦略　77, 78
成熟産業　21
青少年　132
　——の教育　131
生態展示　4, 84
制度的環境　194
制度的企業家　194
制度派組織論　194
生物多様性保全　162
清流の経営　162
世界環境保全戦略　3
セクショナリズム　18
センゲ, P. M.　22
全国飼育者の集い　52
相互取引型連携　147
ゾウのインディア　126
ソーシャル・キャピタル　28, 30
組織学習　45
組織間学習　46
組織間関係　144
組織資源　15
組織
　——の競争優位　27
　——の継続性　17, 18
　——の決定方法　16
　——の使命　21
　——の存在価値　16
　——のパラダイム　21
組織ビジョン　21
組織文化　21, 57
ソフトウェア　27

索　引

た 行

体験学習　63
絶え間ないイノベーション　33
滝壺水槽　107
タッチプール　113, 116
縦割り方式　18
地域活性化　179
地域のプラットホーム　196
地域ブランド　182
知識創造　28
チッテンデン水門　105
知的資源　16
中国パンダ飼育センター　89
低成長　11
デジタルアニマルパーク　74
同型化　194
動物園批判者　3
動物園不要論　7
動物園法　10
動物虐待　125
動物公園　2
動物園サポーター制度　127
特定動物の保護　130
独立法人化　14
トラスト運動　170
ドラッカー, P. F.　13, 28
ドリーム・アット・ザ・ズー　136

な 行

ナイト・ジャズ・コンサート　139
内部環境　16, 17
ニッチ戦略　34
日本動物園水族館協会（JAZA）　3, 10
日本繁殖賞　37
入園者数　8
人間の檻　85
ネットワーク組織　179
年間パスポート　139
ノミュニケーション　59

は 行

ハードウェア　27
バーナード, C. I.　13
パーム・プランテーション　169
バイオトイレ　31
博物館法　9
バックヤード・ツアー　113, 115
パブリシティ戦略　32
バブリング　95
パラダイム　16
パワー　21
繁殖研究　20
パンダブーム　6, 124
ビジネスパートナー制度　148
ビジョナリー・リーダー　22
ヒューマンウェア　25, 26, 29
評価型NPO　155
表出化　46
ファヨール, H.　13
フィールドミュージアム　192
福沢諭吉　4
フライングゲージ　79, 132
ブランド　180
ブランド戦略パートナー事業　150
プレス・リリース　32, 72
フレンZOOすずか　77
文化財博物館　5
ベストプラクティス賞　30
ポーター, M.E.　34
北海道子連れプロジェクト　63
ボルネオ保全トラストジャパン　161

ま 行

マーケティング　139, 181
マートン, R. K.　18
まちかどレポーター　72
マネジメント　13
マネジメント・サイクル　33
円山動物園ボランティア会　63
万華鏡水槽　108
緑の回廊構想　168
民主型リーダー　21, 41
目に見えない資産　28
メリークリスマスZOO　69
メロヴィッツ, K.　13
もぐもぐタイム　28

や 行

野生動物　1
ヤシノミ洗剤　163
遊園地的動物園　125
ゆとられた蛙　56
夜の動物園　29, 69

ら 行

ライオンバス　112
ラッコの展示　35
ランドスケープ・イマージョン　2
リスク・マネジメント　200
リピーター　30
林間学校　132

レーゾンデートル　137
レジャー施設　6

わ 行

ワシントン条約　6, 128
わたしの動物園　62
ワンダー・ミュージアム　82
ワンポイント・ガイド　28

動物園マネジメント ―動物園から見えてくる経営学―

2013年9月10日　第1版第1刷発行		著　者	児玉　敏一
2015年12月10日　第1版第2刷発行			佐々木利廣
			東　　俊之
			山口　良雄

発行者　田中　千津子	〒153-0064　東京都目黒区下目黒3-6-1
発行所　株式会社 学文社	電話　03（3715）1501 代
	FAX　03（3715）2012
	http://www.gakubunsha.com

©2013 Toshikazu KODAMA, Toshihiro SASAKI, Toshiyuki AZUMA, Yoshio YAMAGUCHI
Printed in Japan

印刷／新灯印刷

乱丁・落丁の場合は本社でお取替えします。
定価は売上カード，カバーに表示。

ISBN978-4-7620-2400-9